Ercan Işık

Bitlis İli Doğal Afet Riskleri ve Yapı Stoğunun İncelenmesi

Ercan Işık

Bitlis İli Doğal Afet Riskleri ve Yapı Stoğunun İncelenmesi

Türkiye Alim Kitapları

Impressum / Künye
Bibliografische Information der Deutschen Nationalbibliothek: Die Deutsche Nationalbibliothek verzeichnet diese Publikation in der Deutschen Nationalbibliografie; detaillierte bibliografische Daten sind im Internet über http://dnb.d-nb.de abrufbar.

Deutsche Nationalbibliothek tarafından yayınlanan bibliyografik bilgiler: Deutsche Nationalbibliothek, bu yayını Deutsche Nationalbibliografie'de listeler; detaylı bibliyografik bilgi İnternet'te http://dnb.d-nb.de sitesinde mevcuttur.

Coverbild / Kitap kapağı resmi: www.ingimage.com

Verlag / Yayıncı:
Türkiye Alim Kitapları
ist ein Imprint der / yayınevinin bir ticari markasıdır
OmniScriptum GmbH & Co. KG
Bahnhofstraße 28, 66111 Saarbrücken, Deutschland / Almanya
Email / E-posta: info@turkiye-alim-kitaplary.com

Herstellung: siehe letzte Seite /
Basım yeri: son sayfaya bakın
ISBN: 978-3-639-81341-8

İçindekiler **Sayfa**

Simgeler Listesi

ABYYHY	: Afet Bölgesinde Yapılacak Yapılar Hakkında Yönetmelik 1998
Ao	: Etkin Yer İvmesi Katsayısı
BA	: Betonarme
CBS	: Coğrafi Bilgi Sistemi
DAF	: Doğu Anadolu Fayı
DAFZ	: Doğu Anadolu Fay Zonu
DBYBHY	: Deprem Bölgesinde Yapılacak Binalar Hakkında Yönetmelik 2007
GB	: Güneybatı
GD	: Güneydoğu
GPS	: Global Positioning System (Küresel Pozisyon Sistemi)
K	: Kuzey
KAF	: Kuzey Anadolu Fayı
KAFZ	: Kuzey Anadolu Fay Zonu
KB	: Kuzeybatı
KD	: Kuzeydoğu
Md	: Süreye Bağlı Büyüklük
Ml	: Yerel (Lokal) Büyüklük
Ms	: Yüzey Dalgası Büyüklüğü
Mb	: Cisim Dalgası Büyüklüğü
Mw	: Moment Büyüklüğü
n	: Hareketli yük çarpanı
N	: Magnitüdü M ve daha büyük depremlerin birikimli sayısı
$S(T)$	: Spektrum katsayısı,
t	: Bina yüksekliği azaltma üstel katsayısı
T_1	: Binanın birinci doğal titreşim periyodu [s]
T_A, T_B	: Spektrum Karakteristik Periyotları
TDY	: Türk Deprem Yönetmeliği
ηbi	: Burulma düzensizliği katsayısı

1. Giriş

Kaynağını yerden veya atmosferden alan gerçekleştiği zaman can ve mal kaybına neden olan doğa olaylarına doğal afet denilmektedir. Doğal afetlerin oluşumu engellenememekte, jeolojik, hidrolojik ve meteorolojik kökenli olabilmektedirler [1]. Doğal afetler neden oldukları can kaybı yanında Türkiye için önemli ekonomik kayıplar da meydana getirmektedirler. Bu konudaki istatistikler incelendiğinde, doğal afetlerin her yıl gayri safi milli hâsılanın %1'i oranında doğrudan ekonomik kayba yol açtığı görülmektedir. Ancak doğrudan ekonomik kayıpların yanında pazar kaybı, üretim kaybı, işsizlik gibi dolaylı ekonomik kayıplar da göz önünde bulundurulduğunda toplam kaybın gayri safi milli hâsılanın %1'inden daha büyük olduğu tahmin edilmektedir [2].

Ülkemiz jeolojik özellikleri, topografik yapısı ve iklim özellikleri nedeniyle doğal afetleri sıkça yaşayan ülkelerden birisidir. Bitlis taşıdığı olumsuz jeolojik, topografik ve iklim özellikleri ile doğal afetleri sıkça yaşayan bir ildir. Bunun yanı sıra kış aylarında aşırı kar yağışının olması da doğal afet riskini arttırmaktadır. Bu bağlamda, Bitlis doğal afetler açısından incelenmeye değer bir konumdadır. Doğal afetleri henüz, önceden kestirmenin mümkün olmadığı günümüzde afetlerden dolayı ortaya çıkacak kayıpları en aza indirmek bağlamında Bitlis ilinin doğal afetler açısından incelemesi yapılıp, Bitlis İlinin afet profili çıkarılarak öneriler getirilmiştir. Afet risklerinin bilinmesi, afet öncesi, anı ve sonrasında yapılması gerekenler ve alınacak önlemler ile oluşabilecek can ve mal kayıplarını en aza indirmek açısından önem arz etmektedir. Son zamanlarda modern afet yönetimi, afete hazırlıklı olmakla ile birlikte afetleri önlemenin önemini vurgulamaktadır. Çünkü günümüzde, büyük kent merkezlerinde meydana gelebilecek afetlerin doğurabileceği kayıplar, yaralarının dahi sarılmasını mümkün kılmayacak boyutlarda olabilmektedir. Türkiye, afetlere karşı dayanıksız/hazırlıksız ülkelerinden biridir. Yakın geçmişe kadar ülkemizde kuraklık, sel, deprem ve toprak kayması gibi yıkıcı doğal afetlere bir ölçüde seyirci kalınmıştır. Bitlis ili ve ilçelerinde doğal afet veri tabanlarının oluşturulması ile afet boyutlarının ortaya konulması, karşılaştırılması ve afet konusunda zarar azaltma çalışması yapan kişi ve/veya kurumların geçmişe ait verileri de değerlendirerek daha doğru ve uygulanabilir projeler üretmesi sağlanacaktır.

Çeşitli güç, büyüklük ve genişlikte oluşan doğal afetler alt yapı, ulaşım, haberleşme sistemleri ve yörenin ekonomik yapısını olağan dışı bozmakla beraber doğal afetlerden sonra oluşan onarım masraflarıyla da ayrıca hem yörenin hem de ülkenin gelişmesini doğrudan etkilemektedir. Bunların yanı sıra can kayıpları, sakatlık, öksüz kalma, şok tesiri yaratmaları, bulaşıcı ve salgın hastalıkların oluşmasına sebep vermeleri, eğitim-öğretimin aksaması, barındırma-yedirme-giydirme sorunlarının ortaya çıkması, işsizliğin artması, psikolojik sorunların ortaya çıkması açısından da doğal afetler önem kazanmaktadır.

Bitlis ili ve ilçeleri de taşıdıkları olumsuz jeolojik, topografik faktörler nedeni ile doğal afetlere duyarlı değildir. Bunun yanı sıra kış mevsiminde kar yağışının aşırı derecede olması doğal afet riskini arttırmaktadır. Bu bağlamda Bitlis ili'nin afet profili ayrı bir önem kazanmaktadır.

2. Bitlis İlinin Genel Özellikleri

Bitlis Doğu Anadolu'yu Güney Doğu Anadolu'ya bağlayan boğaz geçitleri üzerinde kurulmuş, 41°33'-43°11' doğu boylamları, 37°54'-38°58' kuzey enlemleri arasında yer alan, etrafı dağlarla çevrili tarihi bir şehirdir. Doğusunda Van ve Van Gölü, kuzey doğusunda Ağrı, kuzey ve kuzey batısında Muş, batısında Batman, güneyinde Siirt illeri yer almaktadır (Şekil 2.1) [3, 4].

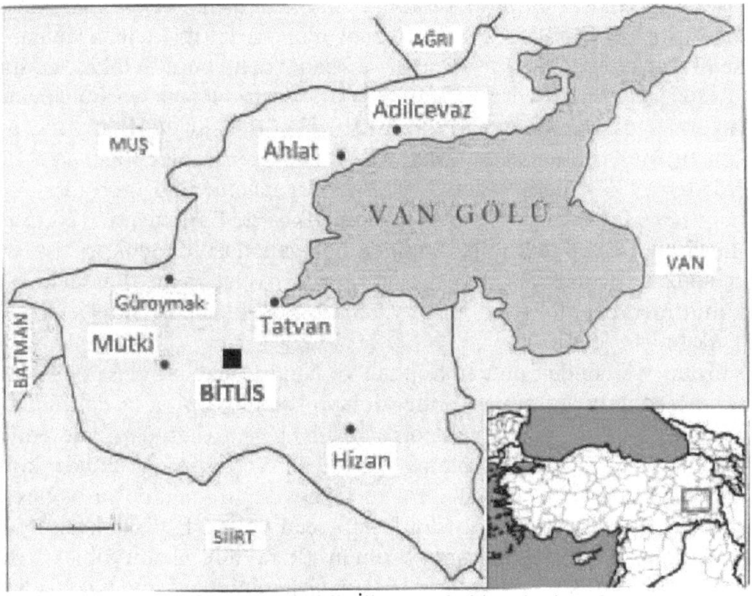

Şekil 2.1. Bitlis İli ve yer bulduru haritası [5]

Yüzölçümü 6.706 km2'dir. Bitlis ili sınırları içerisinde kalan Van Gölünün 1.876 km2 lik kısmı da ilave edildiğinde toplam yüzölçümü 8.582 km2 ye ulaşmaktadır. 6 yıl ilçe olarak yönetilen Bitlis, 25 Aralık 1935 tarih ve 2885 sayılı Kanunla tekrar il haline getirilmiştir. Bitlis İlinin Adilcevaz, Ahlat, Güroymak, Hizan, Mutki ve Tatvan olmak üzere 6 ilçesi vardır.

Bitlis ilindeki yerleşme düzenini coğrafi ve fiziki veriler, tarım alanlarının dağılımı ve ulaşım sistemi belirlemiştir. Yerleşmeler genellikle Van Gölü kıyısındaki düzlüklerde ve vadilerde yoğunlaşmıştır. Kentsel nüfus da Van Gölü kıyısında yoğunlaşmış olup, ildeki kentsel nüfusunun % 62'si Van Gölü kıyısında yer almaktadır. İl'deki kırsal birimler vadilerde ve vadi yamaçlarında kurulmuştur. Kırsal birimler parçalı olup, küçük mezra ve mahalle birimlerinden oluşmaktadır. Bitlis Kenti il merkezi olması nedeniyle, yönetim ve toplumsal hizmetler bakımından etki alanı tüm ili kapsayan bir merkezdir. İlin yüzölçümü Türkiye'nin yaklaşık %0.91'ini oluşturmaktadır. Bitlis'te kilometrekareye düşen kişi sayısı 2000 yılında yaklaşık 55 kişidir. Bitlis ili nüfusu ülkeye göreli olarak sürekli ve hızlı bir büyüme göstermiştir. Son 50 yılda ülke nüfusu 3.2 katına ulaşırken, Bitlis ili nüfusu 4.3 katına yaklaşmıştır.

1935-2000 döneminde Bitlis ilinin nüfusu sürekli artış göstermiştir. Bitlis ilinde en düşük yıllık nüfus artış hızı %o8.9 ile 1940-1945 döneminde, en yüksek yıllık nüfus artış hızı ise %o 45.3 ile 1950-1955 döneminde gerçekleşmiştir. Yıllık nüfus artış hızı 1990-2000 döneminde ise %o l6.3'tür. Bitlis yöresinin M.Ö. lOOO'lerde başlayan kültürel evrimi, zaman içinde canlı bir gelişim göstermiştir. Bölgede ilk uygarlığın kurucusu Urartulardır. Daha sonra Persler, Makedonyalılar, Romalılar, Araplar, Bizanslılar ve Türkler, yöre uygarlığım biçimlemiştir. Ayrıca, Mısır, Helen, Roma Uygarlıkları da toplumsal-kültürel yaşamda etkili olmuştur. Pers etkisi M.Ö.550'den sonra başlamıştır. M.Ö.334'te Büyük İskender'in başlattığı sefer, Helen etkisiyle yörede önemli bir dönüşüme yol açmıştır. İskender'den sonra Selökid Krallığı, M.S. 200lerde Roma ve Partlar yöre yaşamım belirlemiştir. Roma ve bu devletin ikiye ayrılışından sonra da Bizans uygarlığının etkileri sürmüştür. 641'de yöre, Araplarca ele geçirilmiştir. Bu tarihten sonra birkaç kez Bizans ve Araplar arasında el değiştiren bölgede 705'ten 927'ye dek Emevi ve Abbasi egemenliği görülür. XI. yy.'da Anadolu'ya giren Türklerle yeni bir uygarlığın etkisi de başlamıştır. 1200'ler başında Bitlis'te, tarımsal yaşam etkinliği yanında, el sanatları da çok gelişmiştir. Van Gölündeki ulaşım, ticaret yaşamım geliştirmiştir. Ahlat, aynı dönemde büyük bir bilim ve kültür merkezi olmuştur. XII. yy.'da Moğol istilasında Bitlis'le birlikte Ahlat da yakılıp yıkılmıştır [3,4].
Bitlis ili sınırları içerisinde bulunan Süphan ve Nemrut dağlarındaki obsidyen (doğal cam yatakları), doğrudan olmasa bile dolaylı olarak bu yöre tarihinin neolitik dönemine kadar çıktığını göstermektedir. Obsidyen yataklarından elde edilen doğal camın yontucu, kesici, kazıyıcı olarak çevredeki yerleşim yerlerinde kullanıldığı anlaşılmaktadır. Bitlis, Van Gölü havzasını Güneydoğu Anadolu'ya bağlayan yollar üstündedir. Orta ve Güneydoğu Anadolu'dan geçen yollar, Bitlis'te kesişerek doğuya devam etmektedir. Bitlis üç ulaşım türünün (karayolu, demiryolu ve suyolları) aktarma noktasıdır. Bitlis ilinde Tatvan, ulaşım sisteminin kesişme noktasıdır.
İlin yüzölçümünün %71'lik kısmını dağlar, %19'luk kısmını yayla ve platolar, geri kalan %10'luk kısmını da ovalar oluşturmaktadır. Bitlis ve civarına ait fiziki harita Şekil 2.2.'de gösterilmiştir.

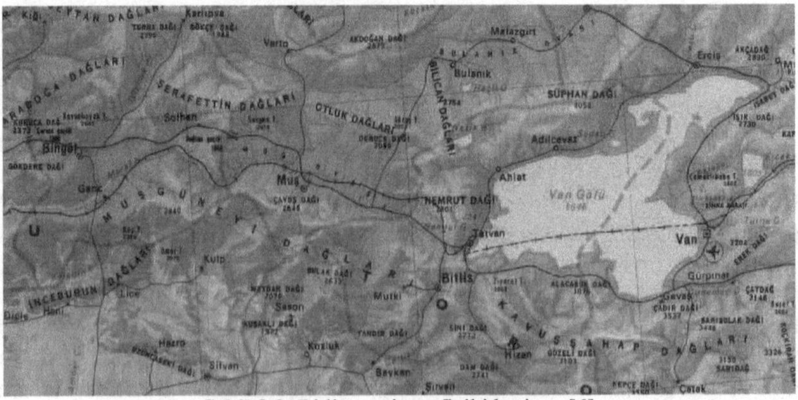

Şekil 2.2. Bitlis ve civarı fiziki haritası [6]

Bitlis İli, Doğu Anadolu Bölgesinde bulunan birçok volkanik hareketin etkisi altında kalabilecek bir konuma sahiptir. Özellikle Nemrut ile Süphan volkanları İl sınırları içerisinde yer almaktadır. Bitlis İlinin değişik kesimlerinden alınmış farklı görünümler aşağıda mevcuttur.(Şekil 2.3, Şekil 2.4)

Şekil 2.3. Bitlis İlinden Bir Görünüm

Şekil 2.4. Bitlis İlinden Bir Görünüm

2.1. Bitlis İli Zemin Özellikleri

Yerel jeolojik zemin koşullarının sismik hareketlerin karakterlerini doğrudan etkilediği ve değiştirdiği, bu zeminler üzerindeki mevcut yapılar üzerinde hasara sebep olabileceği bilinen bir gerçektir [7].

Bitlis İlinin zemin özellikleri, jeoteknik sondajlar ve sismik kırılma yöntemi ile belirlenmiştir. Bu çalışmada kamu kurumları ve özel jeoteknik firmalarının önceki yıllarda yapmış olduğu sondajlar derlenmiş ve veriler değerlendirilmiştir.

2.1.1. Genel Jeoloji

Bitlis İli merkezi ve yakın civarında Bitlis masifine ait metamorfik kayaçlar, üst kretase Ahlat-Adilcevaz karışığı, eosen yaşlı Ahlat konglomerası, miyosen yaşlı Adilcevaz Kireçtaşı, pliyo - kuvaterner volkanitleri ve alüvyonlar yüzeyleme vermektedir [8,9].

Bitlis İli'nin de içinde bulunduğu Van Gölü Havzası, jeolojik terminolojide Bitlis Kenet Kuşağı olarak adlandırılan, Doğu Toroslar'a göreceyle çöken tektonik kontrollü bir havzada yer almaktadır (Şekil 2.3) [10].

Şekil 2.5. Van Gölü havzasının Türkiye Neotektonik Yapıları Üzerindeki Yeri [11]

Bitlis'te arazide üçüncü zaman miosene kadar orojenik hareketler vuku bulmuştur. Bu devirde başlayan volkanik hadiseler, birçok fay ve çöküntülerin, büyük göllerin teşekkülüne sebep olmuştur. 3050 metre yüksekliğindeki Nemrut Dağı 4434 metre yüksekliğindeki Süphan Dağı, üçüncü zaman indifai olaylarının tabi abideleridir.

Bu toprakların, son orojenik ve volkanik olaylarla sarsılmış olması, arazinin parçalanmasını sağlamıştır. Bu durumda depremlerin varlık şartlarını hazırlamış olduğundan, Bitlis'te deprem riski oldukça fazladır. Çöküntü sahalarında sular birikerek geniş göller meydana getirmiştir. Arin Gölü ve Türkiye'nin en büyük krater gölü olan Nemrut Gölü bu tarz göllerdir. Gerek göllerin gerek ovaların yüzeyi deniz suyu seviyesinden çok yüksektir. İlin bazı önemli dağları Van Gölünü Güneyden çevirir. Bitlis İli dağlık bir sahayı kapladığı için ova yok denecek kadar azdır. Ahlat Ovasıyla, bir düzlük gibi Bitlis'in Kuzeydoğusundan Van Gölüne doğru uzayan,

Rahva Ovasından başka büyük düzlüklere rastlanmaz [9]. İlin yüzey şekilleri gerek biçim ve gerekse meydana geliş bakımından farklılıklar göstermektedir. Van Gölünün batı ve kuzeyinde bir sıra teşkil edecek şekilde volkan dağları uzanmaktadır. Bu dağlar bölgeye başka bir özellik vermektedir. Süphan ve Nemrut volkan dağları bu oluşumun en güzel numunesidir [4].

Günümüz Türkiye'sinde Doğu Torosları teşkil eden ve Hakkâri'deki Cilo Dağlarına kadar devam eden bu dağlar, geniş bir kavisle yükselmekte, geniş ve sıradağlar meydana getirdiği için aşılmasını çok güçleştirmektedir. Bitlis; bir set görevi oluşturan bu dağların nispeten daralmış olduğu bir vadinin üzerinde kurulmuştur. İlin yüzey şekilleri gerek biçim ve gerekse meydana geliş bakımından farklılıklar göstermektedir. Van Gölünün batı ve kuzeyinde bir sıra teşkil edecek şekilde volkan dağları uzanmaktadır. Bu dağlar bölgeye başka bir özellik vermektedir. Süphan ve Nemrut volkan dağları bu oluşumun en güzel numunesidir [4].

Fosil bulunamayan metamorfik kaya birimleri arasındaki stratigrafik ilişkiler son derece karmaşık olup açıklanamamıştır. Kaya birimlerinin büyük ölçekte gösterdiği istiflenmenin, tektonik olaylarla, meydana geldiği ortaya konmuştur. İlksel ilişkiler kalınlığı 1-1.00 cm. arasında bulunan şist seviyeleri ve tabakalar arasında korunmuş olup bunlardan elde edilen veriler de kıvrımlanma ve metamorfizma dolaysıyla genel stratigrafik durumu göstermeye yeterli değildir. Bu durumda yaşı bilinmeyen metamorfik kayalarda metamorfizma dereceleri ve petrografik özellikleri esas alınarak iki ana birlik ayırtlanmıştır. Alt ve üst birliklerdeki kaya birimlerinde bulunan, metamorfik yapıların sahada ve yerinde mikroskopla incelenmesi birden fazla yapraklanmaların, çizgiselliklerin ve değişik özellikteki, kıvrımların varlığını ortaya koymuştur [12].

Alt ve üst birliklerin birbirleri ile olan dokanaklarının faylı olduğu görülmektedir. Bitlis İlinin 84 km'lik bir kısımda yapılan inceleme alanı kuzeyinde KB-GD yönlü bir bindirme dokanağında üst birliğin altında görülen alt birlik sahanın güneyinde KD-GB yönlü bir bindirme ile üst birliğin üzerinde bulunmaktadır. Üst birlik içindeki birimlerin pek çoğunun dokanaklarının faylı oluşu bu birliğe, özellikle sahanın güneydoğusunda faylanmış bloklardan meydana bir karmaşık görünüş kazandırmaktadır (Şekil 2.4) [13,14].

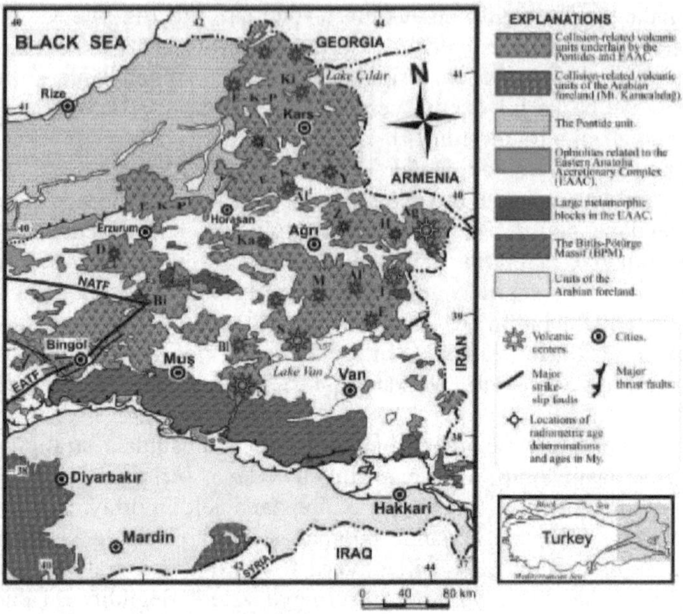

Şekil 2.6. Bitlis Dolayının Jeoloji Haritası [15]

Bitlis İl merkezi ve yakın civarında Bitlis Masifine ait metamorfik kayaçlar, üst Kretase Ahlat-Adilcevaz Karışığı, Eosen yaşlı Ahlat Konglomerası, Miyosen yaşlı Adilcevaz Kireçtaşı, Pliyo – Kuvaterner Nemrut Volkanitleri ve Alüvyonlar yüzeyleme vermektedir [8,9]. Bitlis İli genel jeolojisinde yüzeyleme veren jeoelojik formasyonlar ve özellikleri Tablo 2.1'de gösterilmiştir.

Tablo 2.1. Bitlis İli için genelleştirilmiş stratigrafik kesit (basitleştirilmiş) [8,9]

	ÜST SİSTEM	SİSTEM		SERİ	FORMASYON	AÇIKLAMALAR
GENÇ BİRMLER	SENOZOYİK	KUVARTERNER				ALÜVYON
GENÇ BİRMLER	SENOZOYİK	KUVARTERNER			NEMRUT VOLKANİTLERİ	BAZALT, ANDEZİT, TRAKİT, DASİT, TRAKİANDEZİT, HYALOTRAKİT, HYALOTRAKİTİK, OBSİDYEN, PONZA, PERLİT, PİROKLASTİKLER VE OBSİDYEN
GENÇ BİRMLER	SENOZOYİK	TERSİYER	NEOJEN	PLİYOSEN	NEMRUT VOLKANİTLERİ	
GENÇ BİRMLER	SENOZOYİK	TERSİYER	NEOJEN	MİYOSEN	ADİLCEVAZ KİREÇTAŞI	ORTA-KALIN KATMANLI GRİ VE SARIMSI GRİ RENKLİ BOL FOSİLLİ RESİFAL KİREÇTAŞI
GENÇ BİRMLER	SENOZOYİK	TERSİYER	PALEOJEN	EOSEN	AHLAT KONGLOMERASI	KALIN KATMANLI BORDO KAHVERİNGİMSİ KIRMIZI VE ŞARABİ RENKLİ KONGLEMARA
ÜST METAMORFİKELR	MESOZOYİK	KRETASE		ÜST	AHLAT-ADİLCEVAZ KARIŞIĞI	GALORO, DİYABAZ, SPİLİT, METAANDEZİT, METABAZALT, RADYOLARİT, ÇÖRT, ÇAKILTAŞI, KUMTAŞI, ÇAMURTAŞI, KİREÇTAŞI BLOKLARI VE MİKRİTİK KİREÇTAŞI
ÜST METAMORFİKELR	PALEOZOYİK	PERMİYEN ÖNCESİ ?			BİTLİS MASİFİ	ÇEŞİTLİ ŞİST, GRAYS, AMFİBOLİT, METAKUVARSİT, MERMER, MAGMATİK KAYAÇ SOKULUMLARI VE KRİSTALİZE KİREÇTAŞI

2.1.2 Bitlis Masifi:

Anadolu'nun tektonik gelişmesinde önemli bir rol oynayan ve geniş sahalarda meydana çıkan metamorfik-kristalin masifler, memleketin bir nevi jeolojik iskeletini teşkil oluştururlar. .Bunlar gnays, mikaşist, kuarsit ve mermer gibi farklı derecelerde metamorfizmaya uğramış taş kitlelerinden ve bunlar içerisine nüfuz etmemiş bazik ve asit bileşimli kristalin kayaçlardan meydana gelmiştir. Yapıları bakımından masiftirler; tektonik deformasyonlara karşı rijit bir mukavemet unsuru olarak karşılıkta bulunurlar. Türkiye'de çok sayıda ve değişik büyüklükte mostra veren bu masiflerden biri de Bitlis Masifidir [13].

Güneydoğu Toros Dağları sisteminde bulunup batıda Akdağ'dan başlayarak doğuya doğru Muş Ovası ve Van Gölü'nün güneyinden geçerek Hakkari'nin kuzeyindeki Karadağ'a kadar devam eden saha dahilinde bulunan morfik kütleye Bitlis masifi denilmektedir. Bitlis masifi değişik jeolojik zamanlarda birbiri üzerine eklenerek yerleşen ince sialik dilimlerden oluşarak bugünkü kalınlığına ulaşmıştır. Bitlis masifi, kuzeyde tersiyer tortulan, volkanik lav ve alüvyon ovaları ile çevrilirken kuzeydoğuda Van Gölü ile sınırlanmaktadır [16](Şekil 2.7).

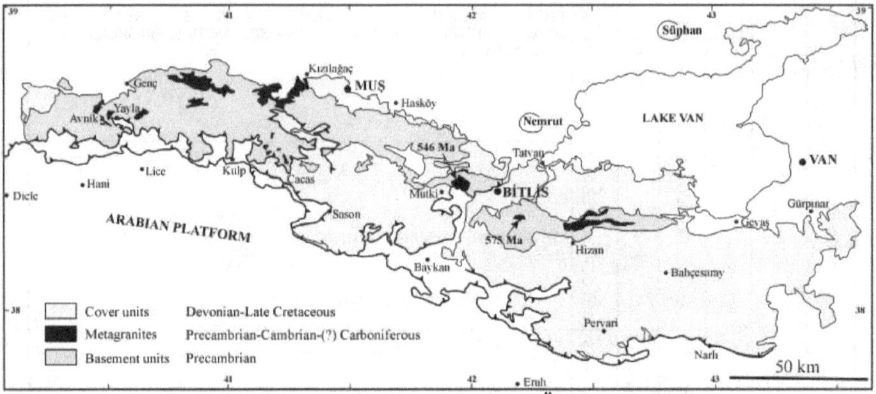

Şekil. 2.7. Bitlis Masifinin jeolojik haritası (Ölçek 1/500000) [17]

Bitlis Masifi, açısal uyumsuzlukla birbirinden ayrılan Alt Birlik (çekirdek kayaçları) ve Üst Birlik'ten (örtü kayaçları) oluşmaktadır. Üst Birlik, Devoniyen-Kretase zaman aralığında çökelmiş kuvars-şist, kuvarsit, klorit-şist, kloritoyid-mika-şist ile genellikle karbonatlı kayaçlarla temsil edilen yeşil-şist fasiyesinde metamorfizma geçirmiş birimlerden meydana gelmiştir[18,19,20].

Bitlis Masifi kuzeyden güneye yaklaşık 50 km genişliğinde ve doğudan batıya yaklaşık 300 km uzunluğunda, yüksek sıcaklık-basınç ve düşük sıcaklık-basınç koşulları ile temsil edilen Türkiye'nin en büyük ve en önemli masiflerinden biridir. Masif yeşil-şist fasiyesinden amfibolit fasiyesine geniş bir fasiyes aralığında oluşmuş metamorfik kayaçları içerir [8, 14, 21]. Erzurum, Cizre ve Van taraflarında da yer alan ve Doğu Anadolu'nun belkemiği durumunda bulunan Bitlis Masifi eski masiflerin en vasi olanıdır [22]. Bitlis masifi, Güney Doğu Anadolu'da, Arabistan Plakasının kuzeyinde anatolit-torit bloklarının parçasını oluşturur ve günümüzde Doğu Anadolu'ya doğru gelişmiştir [23,24].

Oldukça geniş bir alanda yüzeyleme veren masif çeşitli şist, gnays, amfibolit, metakuvarsit, mermer, magmatik kayaç sokulumları ve üst bölümlerinde yüzeyleme veren kristalize kireçtaşı gibi kayaç topluluğundan oluşmaktadır. Sarp ve engebeli bir topografik görünüm arzeden masif bol çatlaklı ve kırıklıdır. Kristalize kireçtaşları genellikle kalın katmanlı ve masif olup, engebeli bir topografik görünüm arz etmektedirler. Masifi oluşturan kayaçların litolojik özellikleri dikkate alındığında kökeninin volkano-sedimenter malzemeden oluştuğu ve büyük bir orojenik hareketin

(Kaledoniyen) etkisiyle bugünkü konumunu kazandığı ortaya çıkmaktadır [25,26,27,28,29].

Bitlis masifi 300km uzunluğunda 50 km genişliğindeki geniş bir alanda Güneydoğu Anadolu bölgesinde metamorfik kayaçlardan oluşmaktadır [30,31]. Bitlis kompleksinde karpolit ve diğer yüksek basınçlı minerallerin bulunması, Batı Anadolu'dan Doğu Anadolu'ya uzanan sürekli yaşlı bir sütur zonunu levha tektonik modeline katmaktadır [32] (Şekil 2.8).

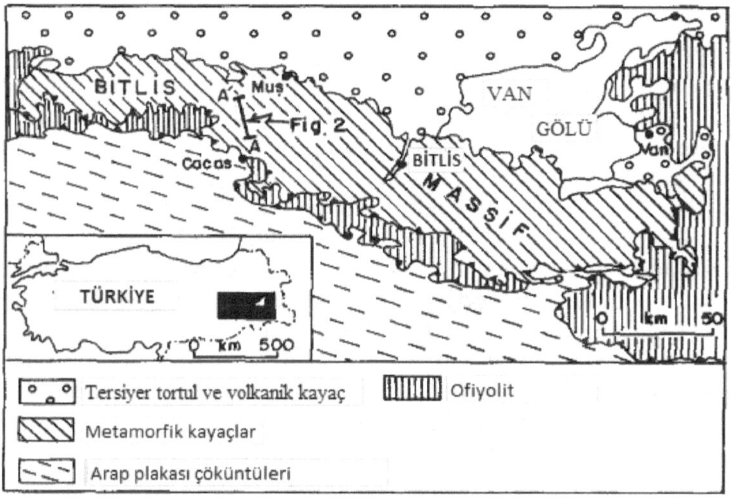

Şekil 2.8. Bitlis Masifinin jeolojik kurulum haritası [30]

Bitlis Masifi üst birliğine ait karbonatlı metaformik kayaçlar orojenez dönemlerinden günümüze kadar farklı deformasyon koşullarına maruz kalarak (elastik, plastik, kataklastik) kıvrımlanmış, kırılmış ve faylanmışlardır [33,34].

Ayrıca Bitlis masifi, içinde bulunduğu tektonik kuşakla birlikte büyük boyutlu tektonik hareketlere maruz kalmış dolaysıyla kıvrımlanmıştır. Bölgesel ölçekli çalışmalara göre Bitlis masifi doğu-batı yönlü büyük bir antiklinoryum ekseni ile batıya dalım göstermektedir [35].

Bitlis masifi kuzeyinde çökel örtü durumundaki Maden formasyonu ile Van gölü kuzeyindeki Kretase-Tersiyer yaşlı çökeller, olasılı olarak iki farklı platformda çökelmiş olup, Doğu Anadolu'da deforme olmamış birimlerin varlığı ile birlikte, Neotetis'in Bitlis masifinin hemen kuzeyinde yer almış olduğunu göstermektedir. Bitlis masifi, hemen kuzeyindeki Neotetis'in kapanması ile kuzeyde şiddetle deforme olurken, masifin güney bölgelerinde deformasyonla eşzamanlı bir gerilme rejimi yaşanmıştır. Bu durum, çarpışma döneminin kalık okyanusal alanlarının paleo-transform faylar ve blok rotasyonlarla kapanmasına bağlı ön çukur gelişimleriyle açıklanabilir [36,37,38]. Bitlis masifinin kuzeyinde Nemrut ve yaşlı Muş volkanikleri yer almaktadır [39].

Neotetis kapanması sonucu oluşan birkaç bindirme zonundan bir olan Bitlis Kenet kuşağına sınır olan Bitlis ve civarında yer alan ofiyolitli kayaçların bir tektonik melanj oluşturduğunu, Bitlis Masifi içinde tektonik konumla yer aldığını ve Üst Kretase yaşlı birimler içerdiği belirlemişlerdir [40,41,42,43,44].

Bitlis Masifi, Doğu Toros kıvrım kuşağının iç kısımlarından uzanan ve paleozoyik yaşlı metamorfik kayalardan oluşan geniş bir bölgedir. Bitlis Masifi'nin güney kenarı Güneydoğu Anadolu bindirme fayı boyunca Anadolu ve Arap levhalarının sınırını işaretler [45].

2.1.3.Ahlat-Adilcevaz Karışığı:

Yerleşim alanının batı bölümünde Ahlat-Adilcevaz ilçeleri arasında çok geniş bir alanda yüzeylenen birim, bölgede Jeolojik amaçlı çalışan araştırmacılar tarafından bu isimle adlandırılmıştır. Karışık inceleme alanının kuzeybatı bölümünde geniş bir alanda mostra vermektedir. Grimsi siyah, sarımsı yeşil, grimsi beyaz, bej ve kiremit kırmızısı renk tonlarında bulunmaktadır. Birimin litolojisi gabro, diyabaz, spilit, metaandezit, metabazalt, radyolarit +çört, çakıltaşı, kumtaşı, çamurtaşı, kireçtaşı blokları ve mikritik kireçtaşlarıyla temsil edilmektedir. Bu kayaçlar bol çatlaklı ve kırıklıdırlar. Genelikle sarp ve engebeli bir topoğrafik görünüm arzetmektedirler. Karışık içerisinde mostra veren metavolkanitler ile çamurtaşlarının üst bölümleri kısmen ayrışmışlardır. Birim içerisindeki kayaçların karmaşık ve düzensiz halde bulunmaları, bölgede jeolojik devirler boyunca etkili ve şiddetli olan tektonik olaylarla açıklanabilir. Karışığın litolojik ve palentolojik özelikleri okyanusal kabuk kökenli olduğunu ortaya koymaktadır [8,9]. Bitlis Masifinin üzerinde erken miyosen yaşlı Ahlat-Adilcevaz karışığı yer almaktadır [46].

2.1.4.Ahlat Konglomerası (Ahlat Formasyonu)

Ahlat yerleşim alanının güney bölümünde dar bir alanda mostra veren birim; bordo, kahverengimsi kırmızı tonlarında olup, genelikle kalın katmanlıdır. Çakılların hemen hemen tamamına yakını Üst Kretase yaşlı Ahlat-Adilcevaz Karışığı'ndan türemiştir. Çakılların boyutları farklı olup, mm.den 3-4 cm. boyutuna kadar değişmektedir. Formasyon litolojik özelikleri itibarı ile karasal bir ortamda çökelmiştir [8,9]. Hemen hemen değişmeyen kalınlıkta (yaklaşık 2 m) ve birkaç İnce killi düzeyle arakatgılı kristal pirosabllerin birikmesinden oluşmuştur [47].

Bu formasyon karakteristik kırmızı rengi ve konglomeratik yapısıyla arazide kolayca tanımlanabilir. Ahlat-Adilcevaz kompleksi üzerinde diskordan olarak durur ve üzerinde diskordan Adilcevaz kalkeri bulunur [48].

Karasal kumtaşı-miltaşı-çakıltaşındanoluşan birim, Muş ovasının kuzey kenarı boyunca ve inceleme alanının doğusundan yüzeylemektedir [49,50]. Van gölünün kuzeyindeki Ahlat ilçesinden adını almıştır [51].

Kaba ve ince taneli malzemenin toplam kalınlığı 2000-2500 m dolayındadır. Karasal ortamda çökelmeye başlayan kayaç toplulukları denizel ortamlara doğru geçiş göstermektedir [52].

Ahlat yöresi tip yer olmamakla beraber, bilinen ve yerleşmiş ilk adlamaya konu olan yer olduğu için, birimin coğrafya adı olarak benimsenmiştir. Karasal ortamın ürünü, kırmızımsı, çoktur ve bloklu çakıltaşı katmansız ya da kalın katmanlı, taneler boylanmamış az yuvarlaklaşmış, kötü derecelenmelidir. Kumtaşı ve silttaşı orta-ince katmanlıdır. Birimin içinde sık sık kamalanma ve çapraz katmanlar izlenir. İri taneli gereçler, kanal yapısı özelliğindedir [53].

Üst eosen yaşlı Ahlat Konglomerası genelde Ahlat-Adilcevaz karışığı üzerinde yer almaktadır [46,54].

2.1.5. Adilcevaz Kireçtaşı

Adilcevaz kireçtaşı, Bitlis İli, Ahlat ile Adilcevaz ilçelerinden başlamakta, Tavşan Tepe'de, Erciş'e bağlı Çelebibağ beldesinin batısında ve Van'a bağlı Erciş ilçesinin kuzeyinde yüzlek vermektedir [55]. Burdigaliyen yaşlı, resifal kireçtaşı özelliğindeki bu formasyon Eosen'den itibaren sığlaşmaya başlayan denizel bir havzada oluşmuştur. Kireçtaşı; açık san-bej renkli, masif yer yer kalın tabakalı ve bol çatlaklıdır [56].

Ahlat formasyonu üzerinde yer alan en yaşlı uyumsuz kayaçlardan oluşan ve bölgede oldukça geniş bir alanda yüzeylenen formasyon sarımsı, beyazımsı ve bej renkli kireçtaşlarından oluşmaktadır. Birim genellikle kalın, orta kalın kısmen de masiftir. Belirgin ve düzensiz çatlaklı olan kireçtaşları bol fosillidir. Formasyon sığ deniz ortamında ve şelf zonunda çökelmiştir [9,48]. Adilcevaz kireçtaçının porozitesi genel olarak düşüktür [57]. Genellikle kumtaşı-miltaşı kireçtaşı litolojisinden oluşmuş olup, değişik seviyelerinde de merceksel kireçtaşı üyesi kapsamaktadır. Daha çok çalışma alanının kuzeyi boyunca yayılım göstermektedir [58]. Bitlis İlinin Adilcevaz ilçesinden adını almıştır [51].

Tüm Doğu Anadolu'da benzer özellikleri ile yer alan Adilcevaz kireçtaşı üyesi litolojik ve morfolojik özellikleri ile diğer birimlerden kolayca ayrılmaktadır. Beyaz-krem renkli, gözenekli, mikro-fosilli orta-kalın tabakalı ve yer yer resifal karakterdeki kireçtaşları; biyoklastik istif taşı, tane taşı ve bağlam taşı olarak fasiyesindedirler. Birim gel-git zonu içinde çökelmiş olup, genelde sığ denizel ortam şartları hakimdir [52]. Adilcevaz kireçtaşı denizel fasiyeste olup, doğuda Erciş'te, batıda Muş yöresinde aynı özelliktedir [59].

Doğu Anadolu'da neoteknik dönem denizden ve karasal yüksek plato boyunca tortusal ve volkanitlerin başlamasıyla ortaya çıkan Adilcevaz kireçtaşı işe başlamıştır [48, 60,61].

2.1.6. Nemrut Volkanikleri

Nemrut dağı, Doğu Anadolu'da Kuvaterner yaşlı yanardağların en büyüklerinden biri olup, 35 km büyüklükteki kalderası, kaldera içindeki irili ufaklı gölleri, sıcak su ve gaz çıkışları ile karakteristik bir stratovolkandır. Kalderanın boyutları yaklaşık olarak 7.5 x 6.5 km olup, dik duvarları 2900 m ye kadar yükselir. Nemrut yanardağı, alt Kuvaternerden itibaren volkanik ürün çıkarmaya başlamış olup, ilk volkanik etkinlik ile bir yarık erüpsiyonu vasıtasıyla geniş alanlara yayılan çeşitli piroklastikler oluşmuştur[62]. bu evrede yaklaşık 100 km hacimde piroklastik gereç çıktığını öne sürmektedir. Bunlar yer yer ignimbritler şeklinde izlenirler. Daha sonra bazik lavlar çıkarak çevreye yayılmışlardır. Bu evreden sonra ortaç ve asidik lavlar meydana gelerek trakiandezit, trakit, riyolit ve yeşil renkli obsidiyenler oluşmuştur. Daha sonra Nemrut kalderası oluşmuş, bunu takiben gerek kaldera içinde, gerekse kaldera çevresinde tüf, ignimbrit, trakit ve trakiandezitik lavlar ve gri-siyah renkli obsidiyenler meydana gelmişlerdir [63].

Van gölünün batısında, Nemrut Dağı ve Malazgirt ilçesi civarında yaygın olarak görülmektedir. Genellikle bazalt, aglomera, tüf ve ignimbiritlerden oluşmaktadır. Ayrışma yüzeyleri grimsi-siyah renklidir. Genellikle 5-200 m arasında kalınlığa sahip iken çıkış merkezleri ve civarında 1000 m dolayında kalınlık izlenmektedir. Nemrut volkanitleri kendinden yaslı tüm birimleri açısal uyumsuz olarak örter [64].

Bölgede çok geniş bir alanda yüzeylenen veren volkaniklerin litolojisi bazalt, andezit, trakit, dasit, trakiandezit, trakibazalt, hyalotrakit, hyalotrakitik, obsidiyen, ponza, perlit, piroklastikler ve obsidiyenlerden oluşmaktadır [9]. Gri tüfitler şeklinde gözlenmektedir. Van gölünün batısındaki, birimin kendisini oluşturan Nemrut dağı, ad olarak kullanılmıştır [58].

2.1.7. Alüvyonlar:

Çakıl, kum, mil ve kil boyutundaki tanelerden oluşan alüvyon malzemesi karışık halde ve tutturulmamış çökeller halindedir. Bitlis Metamorfit Kuşağında çoğunlukla büyük tektonik hatlar ile kontrol edilen çanaklarda taraça oluşumları ve alüvyon birikimlerine rastlanır. Bunlardan en önemlisi Mutki İlçesi'nin orta kesiminde yaklaşık BKB-DGD yönünde uzanan Kavakbaşı doğrultu atımlı fayı boyunca dizili irili ufaklı Kuvaterner çanaklarında biriken çökellerdir [8,9,64].

2.1.8. Lokal Jeoloji

Bitlis Şehri, Kışla ve Güzeldere'nin iki tarafındaki dik yamaçlarla, bu iki derenin arasındaki sırtlarda kurulmuştur. Genellikle dere yamaçlarında, sütünlar halinde bazltlar yer almaktadır [65].

Bitlis İli, Merkez İlçesi yerleşim alanın çoğunluğu Bitlis Masifi Formasyonu ile oldukça geniş bir alanda yüzeyleme veren masif çeşitleri şist, gnays, amfibolit, metekuvarsit, mermer, magmatik kayaç sokulumları ve üst bölümlerinde yüzeyleme veren kristalize kireçtaşı gibi kayaç topluluğundan oluşmaktadır. Yerleşim bu formasyon üzerine kurulmuştur. Ayrıca Nemrut Volkanitleri ve Pliyo-Kuvaterner Çökellere ait birimler yer almaktadır. Özel jeoteknik firmaların etüt sahalarında Pliyo-Kuvaterner yaşlı Nemrut Volkanizması ürünü olan Volkanik kayaçlar tüfler ile temsil edilmektedirler [8,9].

Bitlis ilinin % 5'ini platolar, % 5'ini ova ve düzlükler, % 90'ını da dağlar oluşturmaktadır. İlin en önemli dağı olan Bitlis dağının yüksekliği 3000 metreyi aşmaktadır. Bitlis vadisi içerisinde belirgin iki bazalt akması ve bu akmalara ait seki düzlükleri gözlenmektedir. Çoğu yerde akmaların akarsu çökeli ve diğer güncel çökelleri üzerlediği gözlenmektedir [66].

Bitlis vadisinde ve Rahva düzünde bazalt akıntılarıyla nöbetleşen Genç Çağda gelişmiş kaynaklı tüf vardır. Bitlis Masifi Rejyonal ölçekte çift dalımlıdır, iç büküntüler ve dış büküntüler vardır [67]. Bitlis İli'nin bazı ilçelerinin de bulunduğu Van Gölü çevresinde, üst yüzeyleri yaklaşık 1655-1720m arasında yer alan çeşitli koluviyal, alüvyal ve gölsel çökel depoları bulunmaktadır [68].

3. Doğal Afetler

Doğal afet kavramını duyunca Ülkemizin acı gerçeği olan ve çoğumuzun ilk olarak aklına gelen depremlerdir. Ancak depremlerin yanı sıra çeşitli büyüklük ve daha küçük alanları etkileyecek olan sel baskını, yangın, kaya düşmesi, volkan patlaması, çığ, kuraklık, fırtına, tsunami, Y.A.S.S. yükselmesi gibi afetlerde unutulmamalıdır.

Ülkemizde meydana gelen doğal afetlerin %61 'ini depremler, %15'ini heyelanlar, %14'ünü seller, %5'ini kaya düşmesi , %4' ünü yangınlar, %1'i de çığ ve diğer afetler oluşturmaktadır (Birleşmiş Milletler Kalkınma Programı, 1997) (Şekil 3.1).

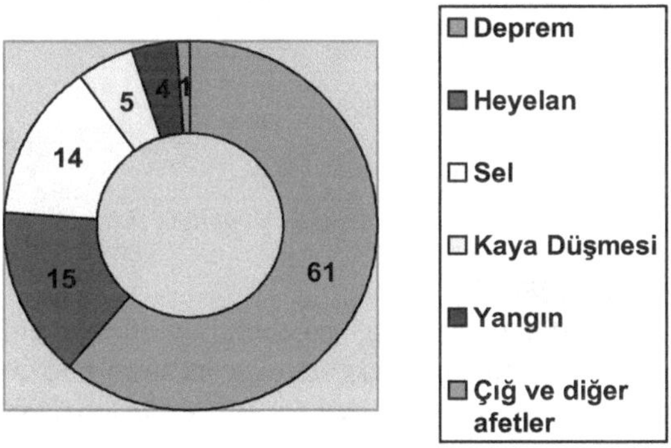

Şekil 3.1. Türkiye'nin doğal afet dağılımı

3.1. Bitlis İlinin Heyelan Tehlikesi

Bir yamaçtaki kaya, toprak zeminin veya molozların yamaç aşağı doğru hareket etmesi sonucu oluşan olaya heyelan denilmektedir [69]. Heyelanlar jeolojik, sismolojik topografik, iklim özellikleri ve yağışlar gibi nedenlere bağlı oluşmakta daha çok ulaşım yapılarına zarar vermekte ve diğer afetlere göre daha az can ve mal kaybına sebep olmaktadırlar. Ülkemizde meydana gelen doğal afetlerin %15 ini heyelanlar oluşturmaktadır.

Bitlis ilinin olumsuz jeolojik, topografik, özelliklerinin yanında aşırı derecede kar yağışı heyelan oluşma riskini artıran faktörlerdir. Bu olumsuz faktörlerden dolayı Bitlis İli heyelan riski taşıyan iller arasında gelmektedir (Şekil 3.2). Güneydoğu Anadolu bindirme kuşağı üzerinde bulunan Bitlis ilinin batısında Mutki ilçesi ile doğusunda bulunan Hizan ilçelerinde heyelan olayları yoğun olarak gözlenmektedir.

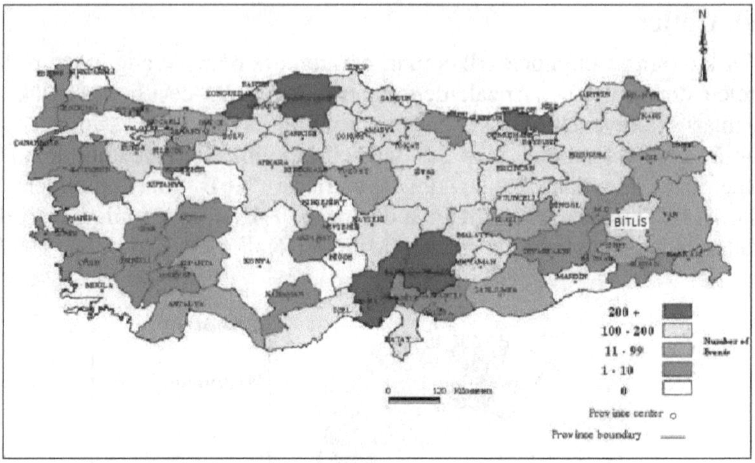

Şekil 3.2. Türkiye Heyelan Yoğunluk Haritası [70]

3.2. Bitlis İlinin Çığ Tehlikesi

Çığ, genellikle bitki örtüsü olmayan engebeli, dağlık ve eğimli arazilerde, vadi yamaçlarında tabakalar halinde birikmiş olan kar kütlesinin iç ve/veya dış kuvvetlerin etkisi ile başlayan bir ilk hareket sonucu (tetiklenen),yamaçtan aşağıya doğru hızla kayması olarak tanımlanır [71].

Çığlar, farklı kalınlıklara sahip kar örtüsünün çeşitli faktörlerin etkisiyle eğim boyunca hareketi sonucunda ortaya çıkar. Çığlar, yerleşim birimleri, dağ spor ve turizm tesisleri, karayolları, köy yolları, demiryolları, haberleşme ve enerji nakil hatları, sanayi, askeri ve diğer benzeri tesisler için büyük tehlikeler oluşturduğu gibi can kayıplarına da neden olurlar. Türkiye'de Doğu ve Güneydoğu Anadolu bölgeleri ve Karadeniz Bölgesi'nin iç kesimlerinde birçok yerde gerçekleşmektedir. Bu bölgelerdeki mezra tipi yerleşim birimlerinin çoğu çığ tehdidi altındadır [72,73]. (Gürer, 2002), (Yavaş 2005).

Bitlis'te aşırı kar yağışlarından dolayı çığ, kar savruntusu, özellikle düz ve toprak çatılarda kar birikimi ve saçaklarda sarkıt buz oluşumu yüzünden yerleşim birimlerinde, hem şehir merkezinde, hem de kırsal kesimde yaşayan insanların hayatları olumsuz yönde etkilemektedir. Bunun sonucu olarak ciddi ulaşım sorunları ortaya çıkmakta, ölümlü trafik kazalarına sebebiyet vermekte, çatılar hasar görmekte ve enerji hatları tahrip olmaktadır [74]. 1950- 2002 tarihleri arasında Bitlis'te toplam 38 adet çığ meydana gelmiştir. Bu çığlarda 57 kişi hayatını kaybetmiştir. Bu dönem arasında çığlardan dolayı toplam 737 konutun nakline karar verilmiştir [72].

Kış aylarında görülen aşırı kar yağışları ve dondurucu soğuklar normal hayatı önemli bir ölçüde etkilemektedir. Bitlis çığ düşme tehlikesi ve riskinin en yüksek olduğu üç ilden biridir (Şekil 3.3).

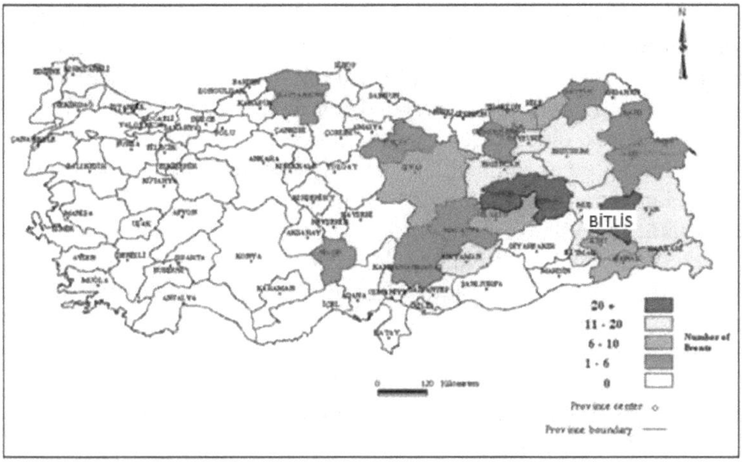

Şekil 3.3. Türkiye'nin Çığ Dağılım Haritası [70]

Kar yağışı genel olarak Kasım ayı başında başlamakta ve Nisan ayında kar kalkmaktadır. Bu sürenin uzun olması Bitlis'te risk süresini artırmaktadır. İl merkezinde çığ riskine sahip olan iki ilden birisidir. Tatvan ilçe merkezinde de çığ riski mevcuttur. İlin tüm ilçelerine bağlı pek çok köyde ve köy yollarında çığ riski mevcuttur. Bunun yanında, Siirt-Bitlis karayolunda çok büyük ölçekli çığlar meydana gelmektedir. Bitlis şehir merkezinde kar yağışının çok yoğun olmasından dolayı yapılar üzerinde yüksek kar birikintileri olmaktadır (Şekil 3.4).

Şekil 3.4. Çatılarda biriken kar

Çatılarda kar birikmesi, çatının şekli, eğimi, çatı kaplama malzemesinin pürüzlülüğü, yapıya ve güneş ışınımına bağlı ısıl geçişler gibi her çatı için farklılıklar gösterebilecek çok sayıda faktöre bağlıdır. Bu faktörlerden dolayı çatı kar yükününün belirlenmesi zorlaşmaktadır. Çatı kar yükü, karın çatı üzerinde birikimini etkileyen faktörlere bağlı olarak elde edilen boyutsuz dönüştürme katsayıları ile zemin kar yükünün çarpılması sonucu elde edilen tasarım yüküdür. Çatı kar yükünün hesabında temel bileşen olan zemin kar yükü bölgeden bölgeye değişir. Herhangi bir bölgeye ait zemin kar yükü, o bölgeye ait yıllık ekstrem kar yükü verilerinin istatistiki analizinden elde edilmelidir. Boyutsuz dönüştürme katsayıları ise birçok ülkede kış mevsimleri boyunca zeminde ve çatıda düzenli olarak elde edilen kar yükü verilerinin ve laboratuvarda yapılan çalışmalarda kaydedilen verilerin analizleri sonucu saptanmış ve yapı standartları içinde verilmiştir. Kar yükünün hesap esasları, zemin kar yükü değerleri ve dönüşüm katsayıları TS498/1997 ve TS EN 1991-1-3/2007 de verilmiştir. Kar yağışının en çok olduğu il merkezi konumundaki Bitlis şehir merkezi mevcut kar yükü haritasında dördüncü derece kar yükü bölgesinde yer almaktadır (Şekil 3.5).

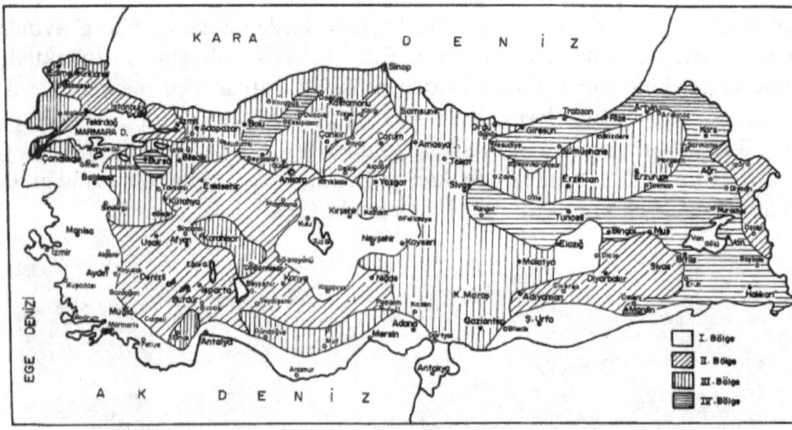

Şekil 3.5. Türkiye kar yükü haritası [75]

3.3. Bitlis İlinin Kaya Düşmesi Tehlikesi

Yağışlı mevsimlerde ve kar erime dönemlerinde, gece-gündüz ısı farkından dolayı ve yeraltı su tablasının yüzeye yakın olması sebebiyle, özellikle patlatma yapılan yarmalarda yerçekimi etkisiyle kaya düşmesi sorunu ortaya çıkmakta ve özellikle ulaşım yapılarının güvenliğini ve bazen de bina türü yapıları olumsuz olarak etkilemektedir. Ülkemizde meydana gelen doğal afetlerinin %5'ini kaya düşmeleri oluşturmaktadır. Türkiye'de 1958 yılından beri 750 kaya düşmesi olayı meydana gelmiştir [76,77].

Bitlis ilinde yağışların özellikle kar yağışının çok fazla olması, gece-gündüz ısı farkının çok olması kaya düşmesi riskini arttırmaktadır. Bu bağlamda Bitlis kaya düşmesi tehlikesi bakımdan ülkemizin 9. ilidir (Şekil 3.6).

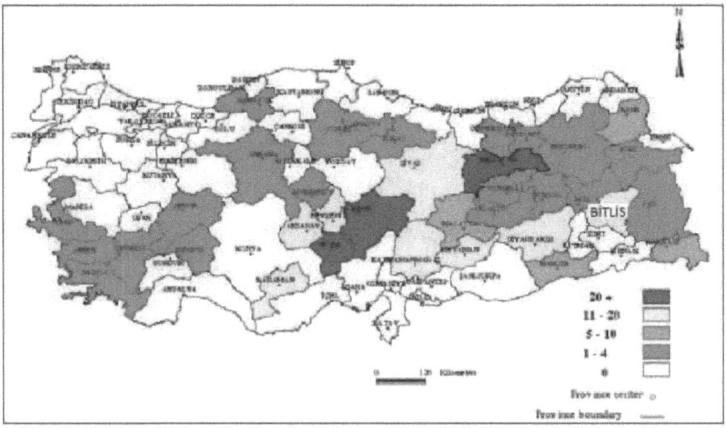

Şekil 3.6. Türkiye Kaya Düşmesi Yoğunluk Haritası [70]

Kaya düşmesi olayları da yine Güneydoğu Anadolu bindirme kuşağında üzerinde bulunan Merkez, Mutki ve Hizan ilçelerinde gözlenmektedir. Bitlis şehir merkezinde bulunan Bitlis Kalesi, kaya düşmelerinden dolayı can ve mal güvenliği açısından tehlikeli bir konumdadır. Tehlikenin ortada kaldırılabilmesi amacı ile gerekli önlemler alınarak kale restore edilmiştir.

3.4. Bitlis İlinin Sel Tehlikesi

Doğal afet olarak sel, bir akarsuyun muhtelif nedenler ile yatağından taşarak, çevresindeki arazilere, yerleşim birimlerine, altyapı tesislerine ve canlılara zarar vermek suretiyle, etki bölgesinde normal sosyo-ekonomik faaliyeti kesintiye uğratacak ölçüde bir akış büyüklüğü oluşturması olayı şeklinde ifade edilmektedir. Bu tanımı, deniz sahillerinde mücavir bölgelerdeki dalga hareketlerinden kaynaklanan kıyı taşkınları, göllerdeki seviye değişiklikleri ile dalga etkilerinden kaynaklanan göl taşkınları ve buzul erime ve parçalanmalarından kaynaklanan buz hareketi taşkınları ile genişletmek mümkündür [78].

Bitlis topoğrafik ve hidro-meteorolojik özellikleri bakımından, sel felaketleri açısından her zaman hassas bir konumdadır. Aşırı yöresel yağışlardan veya toplu kar erimelerinden sonra yaşanan akarsu taşkınları Bitlis İlinde karşılaşılan en yaygın sel olaylarıdır. Bitlis ve ilçelerinde bulunan derelerin yağışlı mevsimlerde taşkın debisinin fazlalaşması yer yer tarım arazilerini, kimi yerlerde ise yerleşim birimlerini tehdit etmektedir. Bitlis en çok taşkın tehlikesine maruz kalan on il arasındadır. Yıllık sıklık oranı 0,132 olmakla birlikte riske maruz nüfus 10.000 olarak belirlenmiştir [79] (Şekil 3.7).

Şekil 3.7. Ülkemizin Sel zararı ve tehlike haritası [70]

İl genelinde su baskını olayları yoğun yaşanmakta olup; Merkez, Adilcevaz, Mutki, Güroymak ve Hizan ilçelerinde daha yoğun gözlenmektedir. 30.07.1996 ve 21.10.2005 yıllarında aşırı yağışlar sonucu meydana gelen su baskını ve heyelan olayları bölgesel olarak birçok Merkez ve ilçelerde yerleşim birimlerini etkilemiştir.

Ayrıca Tatvan, Ahlat ve Adilcevaz ilçelerinin sınırı durumunda olan Van Gölü'nün maksimum su kotu 1649,26 olarak belirlenmiş olup, Van Gölü çevresindeki 1655 kotu altında kalan alanlar Bakanlar Kurulu'nca 08.06.1995 tarihinde afete maruz bölge olarak ilan edilmiştir. Buna göre 1655 kotu kıyı kenar çizgisi olarak kabul edilmiştir. Yürürlükte olan yönetmeliğe göre belirlenmesi gereken 50m'lik v 100m'lik kıyı şeritleri bu kot temel alınarak belirlenmiştir [80].

Van Gölü çevresindeki tarım alanları ve kentsel - kırsal yerleşmeler üzerinde uzun yıllık, yıllık ve mevsimlik seviye değişmeleri, büyük etkilerde bulunmuş ve yapılan ölçümlere göre, son 50 yıl içinde (1950-2000) göl seviyesinde yaklaşık 3 m. yükselme meydana gelmiştir. 1993-94 yıllarındaki hızlı yükselme sonucu yüzlerce konut ve binlerce dekar tarım alanı su altında kalmış ve önemli bir çevresel probleme neden olmuştur [81].

4. Deprem

Depremler, iç dinamik süreçlerle yerkabuğu içerisinde meydana gelen deformasyonların yarattığı ve jeolojide fay olarak tanımlanan kırılmalar sonucu oluşan yer sarsıntılarıdır. Depremin büyüklüğü (magnitüd), kırılma (faylanma) esnasında açığa çıkan enerjinin miktarına bağlı olarak değişir. Genelde, boşalan enerji kırılma merkezinden uzaklaştıkça giderek azalır. Fakat, bazen lokal jeolojik yapı özelliklerinden kaynaklanan olumsuz zemin koşulları bu durumu değiştirebilir ve kaynaktan uzak olmasına rağmen depremin yıkıcı etkisinin beklenenden fazla olmasına yol açabilir. Bu nedenle herhangi bir bölgenin deprem potansiyeli değerlendirilirken depreme yol açan fayların (aktif fay) ve yerel zemin özelliklerinin iyi bilinmesi gerekmektedir [82].

Depremsellik veya sismisite, jeolojik ve tektonik verilere ve istatistiksel verilere dayanmaktadır. Depremin zamanı, merkez ve merkez üstü konumu, kaynak parametreleri ve yarattığı etkilerle ilgili makrosismik veriler, bir yörenin deprem tehlikesinin belirlenmesindeki en önemli parametrelerdir. Bir bölgenin depremselliği o bölgede gelecekte olabilecek bir depremin göstergesidir.

4.1. Doğu Anadolu Bölgesinin Depremselliği

Dünyanın en önemli deprem kuşaklarından biri olan ve ülkemizin de içinde olduğu Alp-Himalaya deprem kuşağı üzerinde yer alan Doğu Anadolu Bölgesi sismik açıdan aktif durumdadır. Özellikle Bingöl İli Karlıova İlçesi, Türkiye'deki en önemli sismik risk taşıyan faylar olan sağ yönlü doğrultu atımlı Kuzey Anadolu Fayı (KAF) ve sol yönlü doğrultu atımlı Doğu Anadolu Fayı'nın (DAF) birleşme noktasına karşılık gelmektedir. Kıta içi transform faylar niteliğindeki bu iki fayın Anadolu levhasını sınırladığı ve bunlar arasında çapraz fay sistemlerinin gelişmiş olduğu bu alan Türkiye'de diri fay yoğunluğunun en fazla olduğu bir bölgedir [83]. Doğu Anadolu'da baskın olan fay mekanizmaları Bitlis Kenet Kuşağı, DAF hattı ve KAF hatlarını kapsamaktadır [84].

Afrika-Arap kıtası ile kuzeydeki Avrupa-Asya (Avrasya) kıtası arasında K-G sıkışma gerilmeleri altında bulunan ülkemizde, KAF ve DAF hatları boyunca biriken enerji zaman zaman boşalarak, deprem olaylarına neden olmaktadır. Diğer yandan bölgede etkili olan K - G sıkışma gerilmeleri, bu iki ana fay hattı arasındaki bulunan Anadolu kara parçasını da değişik yerlerdeki segmentler boyunca batıya doğru kaydırmaktadır. KAF üzerinde meydana gelen depremler bu hareketlerden kaynaklanmaktadır [85]. Anadolu ve çevresinin levha tektoniği modeli aşağıda gösterilmiştir (Şekil 4.1).

Doğu Anadolu Bölgesi, kıtasal çarpışma kuşaklarının dünyadaki en iyi örneklerinden biridir. Bölge üst kreateseden sonra yaklaşık kuzey-güney yönelimli sıkışma geriliminin etkisine girmiş ve Doğu Anadolu Bölgesinde Avrasya Levhası – Arabistan levhası çarpışması başlamıştır. Bu dönemde bölgede etkili olan sıkışma sonucunda doğrultuları genellikle doğu-batı olan bindirmeler, kuzeydoğu-güneybatı doğrultulu sol yönlü atımlı faylar, kuzey-güney doğrultulu açılma çatlakları ve yaygın volkan çıkışları meydana gelmiştir. Avrasya Levhası ile Arabistan Levhası arasındaki kıta-kıta çarpışması özellikle Avrasya Levhası içerisinde çok sayıda sağ ve sol yanal atımlı faylar meydana getirmiş olup, bunların en büyük ikisi KAF ile DAF'dır [86,87].

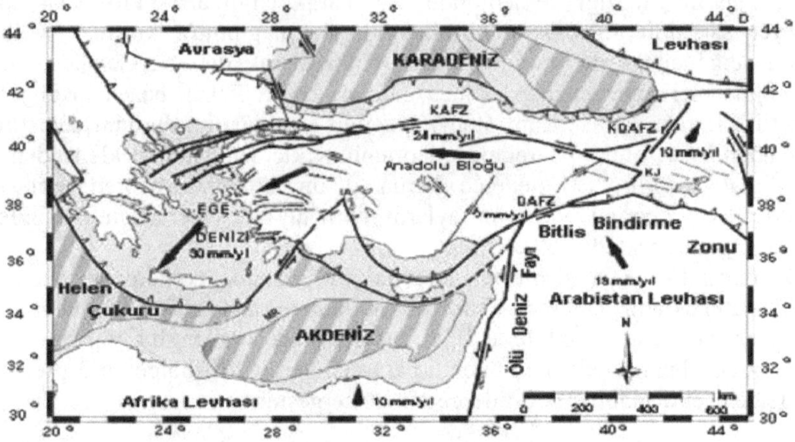

Şekil 4.1. Anadolu ve çevresinin levha tektoniği modeli [88].

Doğu Anadolu Bölgesinin %52'lik alanı I. derece ve %43'lük kısmı da II. derece deprem bölgesinde kalmaktadır [89]. Bitlis İli'nin de içinde bulunduğu Doğu Anadolu Bölgesi'nin aletsel sismisitesi aşağıda gösterilmiştir (Şekil 4.2). Şekilde görüleceği üzere Doğu Anadolu Bölgesi çok sayıda depreme maruz kalmış ve yeni depremlerin de oluşabileceği dikkatten kaçmamalıdır. Bu da Doğu Anadolu'da bulunan illerin yüksek deprem tehlikesi altında olduğunu göstermektedir.

Türkiye'de 19. yüzyıldaki deprem etkinliği göz önüne alındığında 20. yüzyıl içinde DAF'nın göreceli olarak sessiz bir dönem geçirdiği bilinmektedir. Ancak tarihsel döneme ait deprem etkinliği bir bütün olarak ele alındığında, bu sessizliğin geçici olduğu ileri sürülmektedir. Bu veriler ışığında DAF hattı uzunluğunca önemli bir gerilme birikimi olmuştur [90,91].

Doğu Anadolu Bölgesinde oluşan depremlerin önemli bir çoğunluğunun derinliği 2-10 km arasında değişmektedir. En derin oluşan deprem Bitlis kenet Kuşağı üzerinde 32 km derinlikte oluşmuş depremdir. Aktif faylar ve episantır noktaları arasında bir korelasyon mevcuttur. Aynı zamanda haritalanmamış yüzey faylarından dolayı çok sayıda deprem yer hareketi meydana gelmektedir [92].

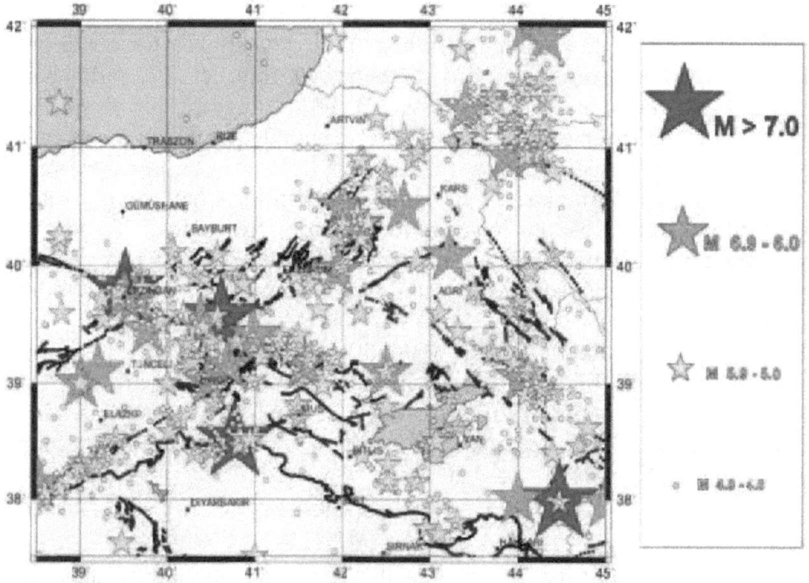

Şekil 4.2. Doğu Anadolu Bölgesinin aletsel sismisitesi (1900-2005, M≥4.0) [93]

Doğu Anadolu deprem projesi kapsamında Doğu Anadolu bölgesindeki depremlerin odak derinlikleri, depremlerin yerkabuğunun üst kısmında meydana geldiğini göstermektedir. Ayrıca bölgenin depremsellik aktivitesinin bugüne kadar bilinenin üzerinde olduğunu ortaya koymaktadır. Bu değerlendirmeler GPS verileri de göz önüne alındığında, bölgenin bir deprem tehlikesi altında olduğunu kanıtlamaktadır. KAF Zonu'nun doğu kısmı; Erzincan-Yedisu-Karlıova hattı, Karlıova-Varto-Hamurpet-Karaağıl koridoru, Erzurum ve çevresi, Erzurum-Tortum hattı, Köprüköy (Çobandede)-Gaziler hattı, Karlıova-Bingöl dolayları, Varto-Palu-Sincik hattı, Tutak-Karayazı hattı, Tendürek-Balıkgölü hattı, Çaldıran, Van Gölü dolayları dikkati çeken ilk yerlerdir [94].

Gerek 27 Ocak Pülümür 2003, gerekse 1 Mayıs 2003 Bingöl depremleri bölgede bulunan çapraz fay sistemlerinin biribirini tetikleyebildiğini göstermiştir. Bu nedenle yakın gelecekte Bingöl-Karlıova- Erzincan üçgeni içerisinde son depremlerin tetikleyebileceği diğer faylarda yeni depremlerin meydana gelmesi büyük olasılıktır. Bölgede, KAF'nın Yedisu segmenti, DAF'nın Genç segmenti, Sancak-Uzunpazar ve Bingöl-Karakoçan fay zonları magnitüdü 6'dan büyük deprem üretebilecek fayların başlıcalarıdır [95]. Yukarıdaki veriler ve günümüzde yapılan çalışmalar ışığında Doğu Anadolu Bölgesinin, büyük deprem tehlikesi riski altında olduğunu söylemek hiç de zor olmayacaktır.

4.1.1. Kuzey Anadolu Fayı (KAF)

Kuzey Anadolu Fayı, 1200 km uzunluğunda, 40 km genişliğinde tek zonlu baskın ve dünyanın en iyi bilinen son derece diri sağ yanal doğrultu atımlı fayıdır. Karadeniz kıyılarına paralel olarak uzamaktadır [96, 97, 98]. Fay tek bir kayma düzlemi olmayıp birçok parçalardan oluşmuş, bir fay zonu halindedir [99]. KAF doğuda kendi eşleniği olan DAF ile kesiştiği Bingöl İli, Karlıova ilçesinden başlamaktadır. Yer yer birbirinden kopuk, yer yerde kademeli olarak sıralanan kırık hatların oluşturduğu bir zon şeklindedir. Kuzey Anadolu Fayı'nın toplam atım oldukça değişkendir. Atımın miktarı 8-400 km civarındadır. Fay orta kesiminde dışbükey bir kavis yaparak fayın kilitlenmesine neden olacak şekilde Anadolu bloğunun güneybatıya doğru dönmesine neden olmaktadır.

Kuzey Anadolu Fayı, Yedisu (Bingöl) ve Karlıova Birleşim noktasının doğusunda 55 km lik bir uzunluğa sahiptir. KAFZ bu bölgede iki segmente ayrılmaktadır. Bunlardan biri Kızılbuçuk köyü ile Yedisu havzası arasında Elmalı Segmenti, diğeri ise Elmalı segmenti ve Karlıova birleşim bölgesi arasında kalan Kargapazarı segmentidir [100].

4.1.2. Doğu Anadolu Fayı (DAF)

Doğu Anadolu Fayı yaklaşık 30 km genişliğinde, 700 km uzunluğunda KD–GD doğrultulu sol yanal atımlı fay sisteminden oluşmuştur [101]. KAF ile DAF birbirlerinin birleşik faylarını (conjugate faults) oluştur [102]. Son ve önceki yüzyıllarda sismik olarak oldukça suskun bir dönem geçirmekte olan DAF için çeşitli yaşlar önerilmiştir. Bu yaşlar orta miyosen – orta pliyosen arasında değişmektedir. DAF ve KAF arasında sismik bir aktivite farkı bulunmaktadır. Bu farklılık DAF'ın geometrik özelliklerinin KAF'dan farklı olması ile açıklanmaktadır. DAF'da son yüzyıl içerisinde sadece 10 hasar yapıcı orta büyüklükte deprem meydan gelmiştir. Bu açıdan bu yüzyıl içerisinde DAF'ın büyük bir bölümü sismik açıdan oldukça yüksek deprem üretme potansiyeline sahiptir [103,104].

Kuzey Anadolu ile Doğu Anadolu Faylarında 1500 yıllık aktiviteler incelendiğinde KAF'ın aktif olduğu dönemde DAF sakin, DAF'nın aktif olduğu dönemde KAF sakindir. Ancak bu dönemlerin sonlarında geçişler görülmektedir. Aynı ilişkiyi bu yüzyıla uyguladığımızda, KAF bu yüzyılda aktivitesini tamamlamış ve DAF'na gelmiş olabilir [105].

4.1.3. Doğu Anadolu Sıkışma Bölgesi

Doğu Anadolu sıkışma bölgesi, kuzeyden güneye doğru, KAF, Kuzey Anadolu fayının Karlıova'nın doğusunda yer alan sağ ve sol yönlü doğrultu atımlı fayları ile Bitlis bindirme Kuşağı olmak üzere 3 kısımda incelenmiştir. KAF ile Karlıova-Muradiye arasında yer alan bölgede, KB-GD doğrultulu kısa uzunluklara sahip olan sağ yönlü doğrultu atımlı faylar yer almaktadır. Bu bölge, 100 km uzunlukta Balıklıgölü fayı, 55 km uzunlukta Çaldıran fayı, 50 km uzunluktaki Doğubeyazıt fayı, 50 km uzunlukta Tutak fayı ve 85 km uzunlukta Karayazı fayından oluşmaktadır [106]. Karlıova üçlü birleşim noktasının yakınında, KAF ile DAF'nın periyodik olarak birbirlerini ötelemesi sonucu, KB-GD ve KD-GB doğrultulu kısa uzunluklarda sağ ve sol yönlü doğrultu atımlı fay takımları gelişmiştir. Karlıova birleşim noktası ile Muradiye arasında kalan bölümde, Malazgirt'in doğusunda 20 km uzunlukta KD-GB doğrultulu sol yönlü Malazgirt fayı ve Erciş ile Adilcevaz arasında uzanan 30 km uzunlukta sol yönlü Süphan fayı yer almaktadır. Diğer taraftan KB-GD doğrultulu ve sağ yönlü 20 km uzunlukta Erciş fayı ile Muradiye ilçesinin hemen yakın kuzeydoğusu ile İran sınırları arasında uzanan 45 km uzunlukta Hasan-Timur gölü fayları bulunmaktadır [106,107,108].

Doğu Anadolu Sıkışma bölgesindeki bazı depremlerin odak mekanizma çözümlerinden elde edilmiş ana sıkışma yönü Arap plakasının kuzeye doğru olan hareketi ile iyi bir uyumluluk göstermektedir. 1900–1995 yılları arasında oluşmuş depremlerin yer-zaman içerisindeki dağılımları, Doğu Anadolu Sıkışma bölgesinde kırılmadan kalan ve gelecekte yüksek deprem potansiyeli taşıyan olası 4 sismik boşluk belirlenmiştir. Bu sismik boşluklar, kuzeyden güneye doğru aşağıdaki şekilde sıralanmıştır:

- Ardahan Sismik Boşluğu
- Çayırlı-Aşkale fayı
- Van Sismik boşluğu
- Yüksekova Sismik Boşluğu

Doğu Anadolu sıkışma bölgesinde 1900–1995 yılları arasında hasar yapıcı ve yüzey kırığı meydana getirmiş toplam 22 deprem (Ms=5.5) olmuştur. Bunlardan 5 deprem, KAF üzerinde meydana gelirken, diğer 9 deprem, KAF'ın güneyinde yer alan faylar ile Karlıova-Muradiye arasında yer alan diğer iki bölgede meydana gelmiştir [109].

Doğu Anadolu sıkışma bölgesinde, 1989–1995 yılları arasında oluşmuş depremlerin dışmerkez dağılımları, sismik boşluklar olarak düşünülen segmentlerin uç kısımlarında ve civarlarında yoğunlaşmaktadır. Depremlerin dışmerkez dağılımları, ikinci tip sismik boşluk olarak adlandırılan zamansal boşluk modeline (Doughnut pattern) uyum sağlamaktadır. Özellikle, KAF'nın Aşkale segmenti, Van segmenti ve Yüksekova segmenti civarında bu model belirgin bir şekilde gözlenilmektedir [110]. Tarihsel deprem kayıtları, Van sismik boşluğunun oldukça fazla depreme maruz kaldığını göstermektedir. Bu boşluk boyunca, 1110, 1245, 1276, 1282, 1439, 1441, 1647, 1648, 1685, 1692, 1701, 1704, 1715, 1871 ve 1872 yıllarında şiddetleri VI ile X arasında değişen birçok deprem olmuştur [111,112].

4.1.4. Bitlis Bindirme Kuşağı (Bitlis Kenet Kuşağı)

Van Gölü havzasının şekillenmesi, Arap Plakasının Avrasya Plakası altına dalarak aradaki okyanusu kapatması sonucu başlayan kıta-kıta çarpışmasından günümüze kadar uzanan jeolojik olaylarla ilişkilidir. Yaklaşık 12 Milyon yıl önce başlayan kıta-kıta çarpışması günümüzde de devam etmektedir. Hatay'dan İran'a kadar bir yay şeklinde uzanan ve Güneydoğu Anadolu bölgesini kuzeyden sınırlayan Doğu Toroslar, bu kıta-kıta çarpışmasının başlangıcından bugüne yükselen kıvrımlı bir dağ kuşağı olarak şekillenmektedir. Van Gölü Havzası, jeolojik terminolojide "Bitlis Bindirme Kuşağı" olarak isimlendirilen, Doğu Toroslar'a göreceyle çöken tektonik kontrollü bir havzada yer almaktadır [10]. Bitlis Bindirme Kuşağı kıtasal çarpışmalardan dolayı oluşan bindirmelere güzel bir örnektir [113]. Bitlis Bindirme Kuşağı, Arabistan Levhası ile Anadolu levhasını birbirinden ayıran sınır olarak da tanımlanabilmektedir [114,115,116,117]. Doğu Anadolu Fay Hattından başlayarak Zagros'un yüksek kesimlerine kadar devam etmektedir [118]. Halen yürürlükte olan deprem bölgeleri hazırlanırken dikkat edilen kaynak bölgelerden biri de Bitlis Kenet Kuşağı'dır [119].

Bilindiği üzere yeryüzünde meydana gelen depremlerin %95'i levha sınırlarında olmaktadır. Bitlis Kenet kuşağı Arabistan ve Anadolu levhacıklarına sınır durumundadır. Bu bağlamda depremsellik açısından çok aktif gözükmeyen Bitlis Kenet Kuşağı olası depremlerin riski altındadır. Bitlis ve civarını etkileyebilecek en önemli deprem kuşaklarından biri olan Bitlis Kenet kuşağı depremsellik açısından oldukça önemli bir konumdadır.

Bitlis bindirme kuşağı, Kahramanmaraş ile Yüksekova arasında güneye yönelmiş ters faylardan oluşmaktadır. Bu zon 1500 km uzunlukta olup 30-60 km genişliğinde bir bölgeden oluşmaktadır [106, 115, 120, 121]. Bitlis Kuşağı, birçok kıvrımların, bindirmelerin ve KB gidişli sağ yönlü doğrultu atımlı faylardan oluşmaktadır [122].

Sürgü Fayı, Lice Fayı, Narlı-Kozlu Fayları, Bitlis kenet kuşağı içindeki eski zayıflık düzlemlerini izlemiş olup günümüzde diri ve ters fay bileşeni olan faylardır. Yine Yüksekova-Şemdinli boyunca uzanan diğer bir sağ yanal nitelikli doğrultu atımlı fay seti ülke sınırlarımız dışında İran'ın güneyinde (Zagroslar'da da) uzanmakta ve üzerinde yoğun episantr dağılımı görülmektedir. Gerek Bitlis Kenet Kuşağı'nın kendisi gerekse bu kuşağı oluşturan zayıflık düzlemleri boyunca, Pliyosen sırasında gelişmiş sol ve sağ yanal nitelikli ve ters fay bileşenli doğrultu atımlı faylar, 1975 Lice depremi ile bir kez daha kanıtlanmış olduğu gibi, günümüzde hala diridir ve deprem riski taşımaktadır [106].

Bitlis Bindirme Kuşağında çok sayıda hasar verici deprem oluşturmuştur. Tarihsel deprem kayıtları bu bölgenin 2000'li yıllardan önce çok aktif olduğunu göstermektedir [123]. Bunlardan bir tanesi Bitlis kenet kuşağı üzerinde bulunan (MÖ 1650) Godin Tepe ve Tepe Giyan'da (İran Platosu) şiddetli bir depremin izlerinin olmasıdır [124].

Bitlis Kenet kuşağı altındaki normal bir fay üzerinde meydana gelen kırılmadan dolayı oluşan alt kabuksal deprem 15 Kasım 2000, Van Gölü depremi (Mw = 5,6) 67 km yüzey derinliğine sahiptir [125].

Bitlis, Hakkari ve Diyarbakır illerinden geçen Bitlis Kenet Kuşağı deprem dağılımların yoğun olarak izlendiği bölgelerden biridir [126]. Depremsellik açısından Bitlis İlini doğrudan etkileyecek en önemli deprem kaynaklarından biridir.

Bitlis Kenet Kuşağı olarak adlandırılan bu bindirme kuşağının hemen kuzeyinde bulunan Bitlis İlini de içine alan Van Gölü Havzası, aynı zamanda KAF' nın DAF ile kesiştiği Karlıova Eklemi ile Zagros Fay Zonu arasında yer almaktadır. Bu ara bölgenin, davranış şekli açısından KAF'nın devamı niteliğindeki Çaldıran Fayı gibi sağ yönü doğrultu atımlı faylardan oluşan bir geçiş fay zonu içerisinde bulunması, Van Gölü Havzası'nın jeodinamiğine ayrı bir önem kazandırmaktadır.

Tamamı aktif olan bu faylar, bölgede irili ufaklı birçok depreme neden olduğu gibi hala sismik bir risk taşımaktadır.

4.2. Bitlis İli Depremselliği

Özellikle son yıllarda dünyada ve ülkemizde yaşanan yıkıcı depremler ve bu depremler sonucunda oluşan büyük çaplı can ve mal kayıpları deprem konusunda yapılan çalışmaları, araştırmaları ve alınacak önlemlerin önemini gündeme getirmiştir. Bitlis ve özellikle yakın çevresinin depremselliği ve buralarda geçmişte meydana gelen depremlerden dolayı Bitlis ili incelenmeye değer bir konumdadır [127].

Gerek deprem kataloglarıyla, azalım ilişkilerindeki eksiklikler, gerekse bazı deprem kaynak zonlarındaki belirsizlikler gözönünde tutularak Deprem Çalışma Grubu tarafından gerekli düzeltmelere gidilerek haritaya son şekli verilmiştir. Bu belirtilen çalışmalar yapılarak hazırlanmış olan harita; Bakanlar Kurulu'nun 18.4.1996 gün ve 96/8109 sayılı kararıyla Türkiye Deprem Bölgeleri Haritası adı altında 1/1.800.000 ölçekli olarak yürürlüğe girmiştir [128]. Türkiye Deprem Bölgeleri Haritası'nda Bitlis şehir merkezi 1.Derecede tehlikeli deprem kuşağı içinde yer almaktadır (Şekil 4.3).

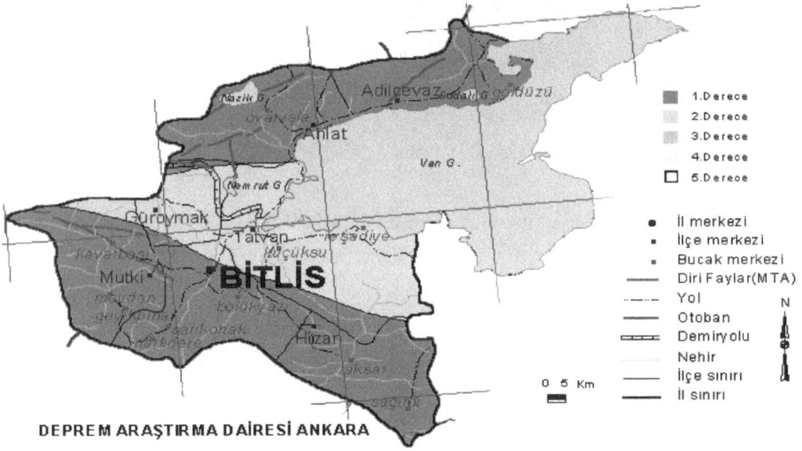

Şekil 4.3. Bitlis deprem haritası [128]

Bitlis kenti için 1952, 1966 ve 1976 yıllarında olmak üzere yürürlüğe giren üç imar planı da öngörüldüğü şekilde yürütülmemiş, kent organik gelişme sürecini sürdürmüş ve önemli yatırımların yer seçimi de plana göre yapılmamıştır. Bitlis kenti fiziki eşiklerle sınırlı olması nedeniyle çevreye yayılma olanağı bulunamamakta, kendi içinde yoğunlaşmaktadır [129].

Bitlis, gelecekte oluşabilecek etkili bir deprem tehlikesi altındadır. Amerika Ulusal deprem konseyinin yapmış olduğu ve yayınlamış olduğu haritalarda bunu göstermektedir (Şekil 4.4). Şekilde gösterilmiş olan harita incelendiğinde Bitlis risk bakımından en yüksek bölgede kalmaktadır. Bitlis; KAF, DAF'nın birleşme bölgesi içinde kalmakla beraber, bir de Bitlis Kenet Kuşağı etkisi altında kalacaktır.

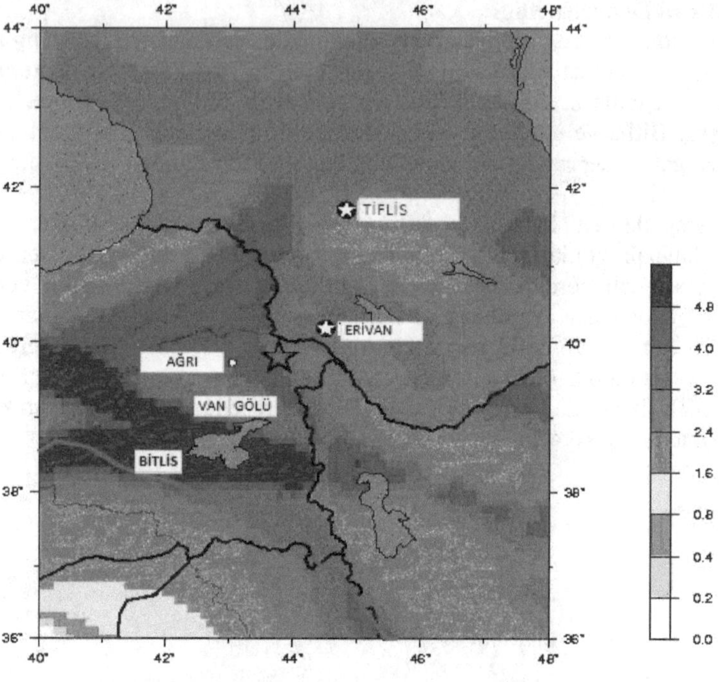

Şekil 4.4. Bitlis İli'nin de içinde bulunduğu Doğu Anadolu Bölgesinin sismik risk haritası (%10 aşılma olasılığı 50 yıl ekonomik ömür için hesaplanan pik yer ivmesi değerleri) (USGS)[130]

Bitlis ve civarı, KAF ile DAF'nın kesişim noktası olan Bingöl İlinin Karlıova İlçesine, deprem etkileri dikkate alındığında çok da uzak değildir. Dolayısıyla Bingöl ve ilçelerinde olası bir deprem Bitlis ve ilçelerini de etkileyecektir.

Ayrıca Malazgirt, Süphan, Erciş ve Hasan Timur Faylarını içine alan Karlıova-Muradiye arası, gelecekte büyük depremlere kaynaklık edebilecek bir potansiyel alan olarak dikkate alınmalıdır [109]. Süphan Fayı ve uzantıları Bitlis İli alanları içinde geçmekte olan Malazgirt ve Erçiş Fayları Bitlis İli'nin depremselliğini ciddi anlamda etkileyecek potansiyel kaynaklar olarak görülmelidir.

Arabistan plakasının İran platosuna doğru kuzeydoğuya doğru hareket etmesi sonucu oluşan ve bir çarpışma zonu olan Zagros fay zonu, Güneydoğuda Bitlis Bindirme kuşağına kadar yayılmaktadır [131].

Arabistan Levhası'nın altına dalarken kenet oluşturduğu Bitlis Bindirme kuşağı'nın hemen kuzeyinde bulunan Van Gölü havzası, aynı zamanda KAF'nın DAF ile kesiştiği Karlıova Eklemi ile Zagros Fay zonu arasında yer almaktadır. Önemli sismik aktivite gösteren Çaldıran Fayı'nın da içinde yer aldığı bir geçiş fay zonu üzerinde bulunması Van Gölü havzasının depremselliğine ayrı bir önem kazandırmaktadır. Bölgede tarihsel ve aletsel dönemdeki kayıtlardan 6.0-6.5 büyüklüğünde depremlerin olduğu görülmektedir. Bu depremlerin 30–35 yıllık aralıklarla tekrar etme olasılıkları yüksek olduğu ve bu bölgedeki birçok fay için bu sürenin dolmuş olması önemli bir tehlike unsuru olarak görülmektedir. Van Gölü havzası bölgesindeki en son yıkıcı depremin 1976 Çaldıran depremi olduğu hatırlanacak olursa aradan geçen sürenin önemli bir enerji birikimine olanak sağlayacağı söylenebilir [132]. Van Gölü, Arabistan levhası ile Avrasya Levhasının çarpışması sonucu oluşan tektonik basınç sonucu oluşmuştur [133]. Bu tektonik hareketin devam ediyor olması ve 1976 yılından beri biriken enerji Van Gölü Havzasının depremsellik riskini artırmaktadır. Van Gölü havzasında meydana gelecek yıkıcı depremler bu havzada bulunan Bitlis şehir merkezi ve ilçelerini yakından etkileyecektir.

Bitlis alanları içerisinde kalan Van Gölü, Doğu Anadolu'da oldukça şiddetli deformasyonlara uğramış bir tektonik yapı içersindedir. Aynı zamanda önemli ve kural dışı neotektonik unsurlar mevcuttur. Van Gölü çevresinde KD-KB gidişli eşlenik doğrultu atımlı faylar ve bu faylar boyunca çek-ayır havzaları, D-B gidişli aktif gerilme fayları, kıvrımlar, sıkıştırmalı rampa havzaları, G-K gidişli eğilimli kıvrımlar, KD-GB yönünde sıralanmış kıtasal volkanlar ve K-G gidişli tansiyon çatlakları önemli tektonik yapılardır. Bölgenin tektonik açıdan çok aktif olduğundan beri, deprem aktivitesi havza boyunca ve Van Gölü çevresindeki bölgede çok yüksektir [134, 135]. Bölgedeki tektonik ve volkanik hareketler Van Gölü seviye değişimine önemli etkiler yapmaktadır [136].

Van Gölü havzası bölgesel volkanizmalara, depremlere ve hidrotermal aktiviteye sebep olan aktif fayları barındıran tektonik bir yapıya sahiptir. Van Gölü bölgedeki büyük doğal afetlere sebep olan depremlerden oldukça çok etkilenmiştir [137]. 6 ve daha yukarı büyüklükteki depremlerin dağılımından elde edilen sismik boşluklardan yararlanılarak tespit edilen ve potansiyel deprem alanları içinde yer alan Bulanık-Ahlat–Gürpınar (Van Gölü Civarı) bölgesine yakın olan Bitlis ili bu açıdan da depremsellik açısından önemlidir.

Van gölü civarında yerkabuğunda derin kırıkların varlığı belirlenmiştir. Bunların daha çok KKB-GGD doğrultulu olarak kuzeyden ve güneyden göl kıyısına kadar uzandıkları izlenebilmektedir ve muhtemelen göl içerisinde devamlılıklarının olabileceği söylenmektedir. Yine uzay fotoğraflarından Kuzey Anadolu fayının uzanımı Karlıova'dan Adilcevaz'a kadar ve gölün doğusunda ise Van'dan Başkale'ye kadar uzandığı izlenebilmektedir. Bu da Kuzey Anadolu fayının Van gölünü kestiğini işaret etmektedir, ancak burada yanal atımı işaret eden hiçbir belirti yoktur.

Karlıova üçlü bileşmesinden güneydoğuda Van gölüne doğru uzanan bir zon boyunca da karakteristik mekanizma çözümleri göze çarpmaktadır. Van gölü yakınlarında sağ yanal atım bileşeni baskınlığını yitirmiş sıkışma bileşeni mevcuttur. Tarihsel büyük depremleri ve güncel orta büyüklükteki depremleri göz önünde tutarsak Van gölünün güney kısmında önümüzdeki dönemde büyük bir deprem meydana gelebilir [138, 139]. Bu bölgede meydana gelebilecek olası bir deprem Bitlis ve civarını ciddi bir şekilde etkileyecektir.

Bitlis Şehir Merkezine 150 km yarıçapındaki daire içerisinde 70.650 km2 lik alana düşen depremler deprem monitörü programı kullanılarak elde edilmiştir [140]. Bu verilere göre incelen alanda deprem potansiyeli ve sismik hareketlilik oldukça etkindir.

Tarihsel depremler incelendiğinde Bitlis İlinin sürekli olarak mikrodepremlerin etkisi altında kaldığı ve gelecekte daha büyük depremlerin etkisi altına kalabileceğini söylemek hiç de zor olmayacaktır. Bitlis İli ve ilçelerinin tamamının deprem tehlikesi taşıdığı USGS tarafından yapılmış olan ve yayınladıkları haritalarda görülmektedir [Şekil 2.9].

Yöre taşıdığı olumsuz jeolojik ve topografik faktörler nedeniyle depreme duyarlı değildir. Bugüne kadar izlenen yapılaşmada depremsellik öğesi büyük ölçüde ihmal edilmiştir. Ancak tektonik olarak son derece hareketli kuşaklar içerisinde kalan sahada yapılaşma esnasında depremsellik faktörü göz önünde bulundurulmalı ve ilgili şartnamelere hassasiyetle uyulmalıdır [129]. Bitlis İli yerleşim alanı zemininin "B" zemin gurubu "Z2" yerel zemin sınıfında olduğu dikkate alındığında Etkin Yer İvmesi Katsayısının A_0 = 0,40; Spektrum Karakteristik Periyotları T_A = 0,15 sn ve T_B = 0,40 sn olarak dikkate alınacaktır.

4.3. Bitlis ve Civarı Deprem Kaynakları (Faylar)

Bir bölge için deprem tehlikesinin belirlenmesinde ilk ve en önemli adım, deprem verilerinin değerlendirileceği bölge sınırlarının tanımlanmasıdır [141].

Yakın fay hareketleri, yüksek hızlı darbe içeren büyük kinetik enerji girişi ile yapıyı karşı karşıya bırakan hareket olarak, yapılar üzerinde sıradan kayıtlara göre çok daha fazla büyük yer değiştirme ya da süneklik taleplerine neden olmaktadır [142]. Fayların tektonik olarak incelenmesi çalışmaları sonucu, fayların değerlendirilmesinin yapısal sorunların çözümünde güvenilir bir metot olduğu kabul edilmiştir [143]. Bir bölgeyi etkileyebilecek veya o bölgede bulunan fayların bilinmesi, yapılacak yapıların, bu faylarda meydana gelebilecek yer hareketlerinde nasıl bir davranış göstereceğinin çözümünde yardımcı olması açısından önemlidir.

Bitlis ve civarındaki faylar incelenirken faylar ile ilgili bir bütünlüğün sağlanmadığı belirtilmiştir. Bundan dolayı farklı kaynaklar birleştirilerek Bitlis ve civarındaki faylar incelenmiştir. Faylarda bir bütünlüğün olmaması bölgede bu konuda yapılan çalışmaların yetersiz olduğu sonucunu doğurmaktadır. Bölge depremsellik açısından çok aktif olmasına rağmen suskun bir dönem geçirmesi sebebiyle çok detaylı incelenmemiştir.

Bitlis ve civarındaki faylar incelenirken Bozkurt (2001)'un Van Gölü havzası için yapmış olduğu çalışma kaynaklarından biri olarak kullanılmıştır. Kuzey ve Doğu Anadolu Fay zonlarına paralel sağ, sol yönlü doğrultu atımlı faylar bölgenin baskın tektonik unsurlarıdır. Bu tektonik unsurlardan bazıları Ağrı Fayı, Bulanık Fayı, Çaldıran Fayı, Erçiş Fayı, Horasan Fayı, Iğdır Fayı, Malazgirt Fayı, Süphan Fayı, Balıkgölü Fay Zonu, Başkale Fayı, Çobandede Fayı, Dumlu Fay Zonu, Hasan Timur Fay Zonu, Kavakbaşı Fayı, Kağızman Fay Zonu, Doğubeyazıt Fay Zonu, Karayazı Fayı, Tutak Fay Zonu, Yüksekova-Şemdinli Fay Zonu ve Kuzeydoğu Anadolu Fay

Zonu'dur (Şekil 4.5). Bu faylar sismik olarak aktif durumda olup birçok depreme kaynak oluşturmaktadırlar.

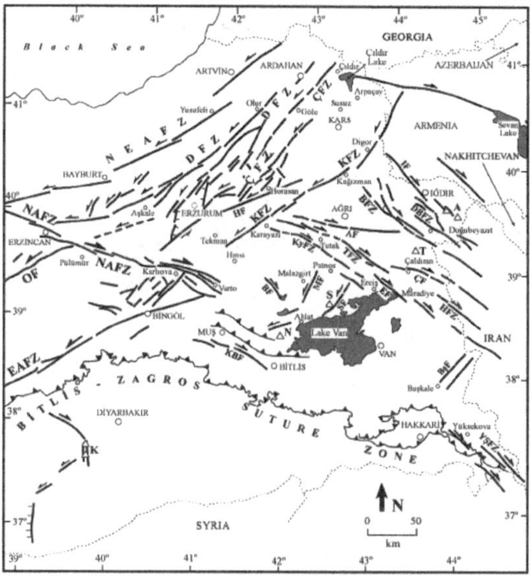

Şekil 4.5. Bitlis ve civarının önemli tektonik yapıları [144]

Bitlis iline etkisi olabilecek önemli faylar incelenirken faydalanılan diğer bir kaynak 1992 yılında MTA'nın yayımlamış olduğu Türkiye diri fay haritasının Doğu Anadolu Bölgesi'ni içeren kısmıdır (Şekil 4.6).

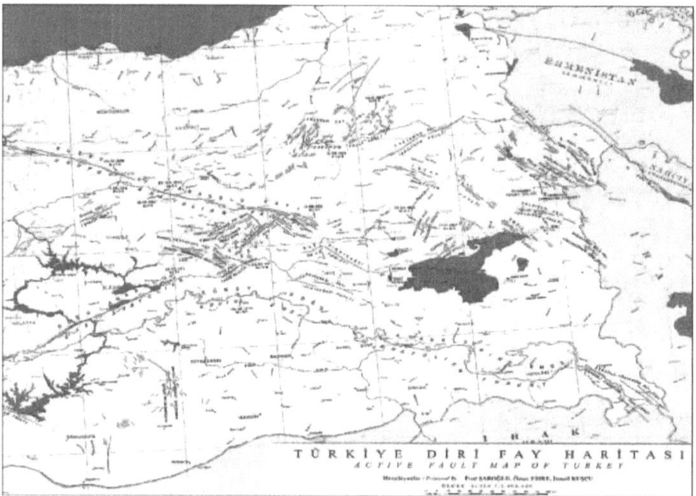

Şekil 4.6. Bitlis İli ve civarı deprem haritası [145]

Bitlis ve civarındaki faylar incelenirken ele alınan kaynaklardan biri de Utkucu (2006) tarafından yapılan çalışmadır (Şekil 4.7).

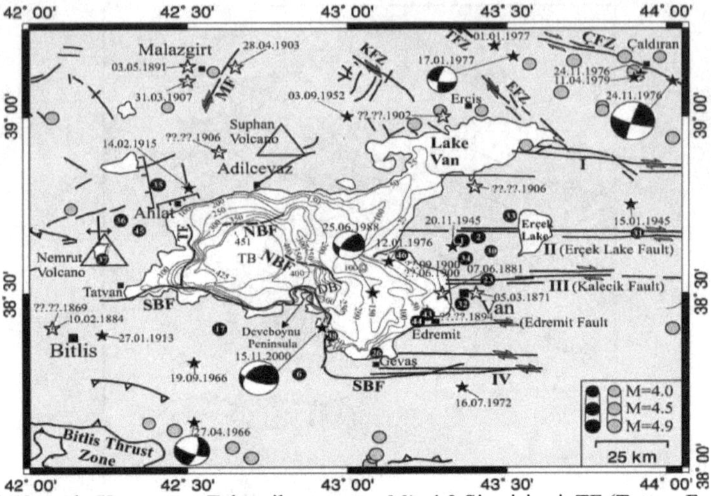

Şekil 4.7. Vangölü Havzasının Tektonik yapısı ve $M \geq 4.0$ Sismisitesi. TF (Tatvan Fayı) , SBF (Güney Sınır Fayı) , NBF (Kuzey Sınrı Fayı , MF (Malazgirt Fayı), EFZ (Erçiş Fay Zonu), TB (Tatvan Basin) [146]

Bu çalışmada dikkate alınan kaynaklardan biri diğeri de Dhont (2006) tarafından bölge ile ilgili yapılan çalışmadır (Şekil 4.8).

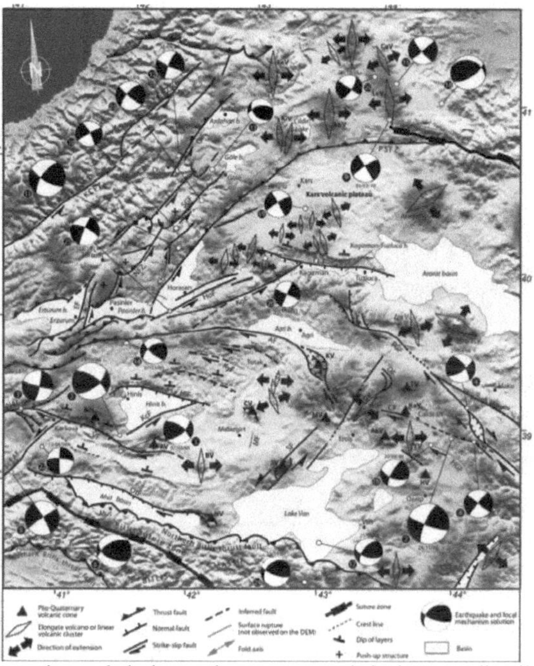

Şekil 4.8. Bitlis ve civarında bulunan deprem üretecek faylar ve volkanik yapılar [147]

4.3.1. Kavakbaşı Fayı

Yaklaşık 100 km uzunluğundadır. Sağ yönlü doğrultu atımlı bir faydır [148]. Bitlis şehir merkezine yaklaşık olarak 35 km uzaklıktadır. Fay sismik olarak aktif durumda olup birçok depreme kaynak olabilir [144]. Bu fay ters faylanma mekanizmasına sahip olup K-G yönlü basınç deformasyonuna iyi bir kanıttır. Ancak arazi üzerinde jeomorfik yapısı açık değildir [149] (Şekil 4.9).

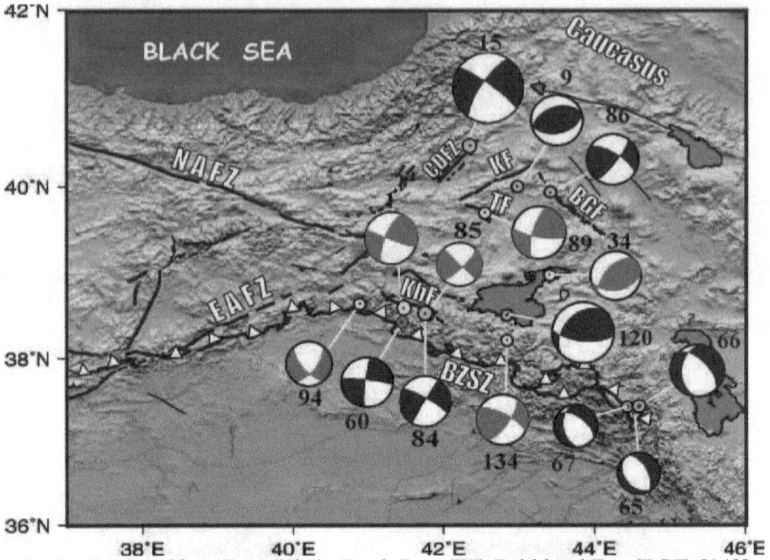

Şekil 4.9. Kavakbaşı Fayı (KbF), Tutak Fayı (TF) Balıklıgöl Fayı(BGF) [149]

4.3.2. Nemrut Açılma Çatlağı

Nemrut Açılma Çatlağı, Nemrut Stratovolkanı'nın kuzey bölümünde yer almaktadır. Kantaşı mevkiinden kaldera duvarına yaklaşık 6 km, kaldera duvarından buhar bacalarına kadar 4 km boyunca devam eden açılma çatlağı toplam 10 km uzunluğunda olup K-G doğrultuludur. Açılmaların derinlikleri değişkenlik göstermekle birlikte Nemrut Boynu olarak adlandırılan bölgede maksimum 18 m 'ye kadar ulaşmaktadır. Kırık hattı, bu bölgeden kaldera duvarına kadar birbirine çok yakın mesafede ve birkaç segment halinde izlenmektedir. Açılma çatlağının halen aktif olduğuna dair pek çok veri vardır. Yaklaşık olarak 560 yıl önce gerçekleşmiş Nemrut açılma çatlağına bağlı lav çıkışları, Anadolu'da bugüne kadar bilinen en son volkanik etkinliktir. Tüm bu etkinlikler bölgede bulunan pek çok köy ile Bitlis İli, Tatvan İlçesi ve Gölbaşı beldesinin risk altında olduğunu göstermektedir [150] (Şekil 4.10).

K-G doğrultulu bu çatlak, Kantaşı mevkiinde 4m genişliğine ulaşmaktadır [151],[152]. Açılma çatlağı üzerinde ve parazitik koni çevresinde ülkemizde bilinen en son lav akışları meydana gelmiştir [153]. 1441, 1597, ve 1692 yıllarında lav akışları meydana gelmiştir [154]. Nemrut volkanının da içinde bulunduğu Nemrut Kalderası oldukça yüksek aktif tektonik zon üzerinde bulunmaktadır. Tarihsel depremler incelendiğinde (29.03.1907, M=5; 27.01.1913, M=5; 14.02.1915 M=6; 03.11.1997 M=5; 18.05.1881,M=6,7; 30.05.1881) yüksek magnitüdlü depremlerin meydana geldiği görülecektir [154].

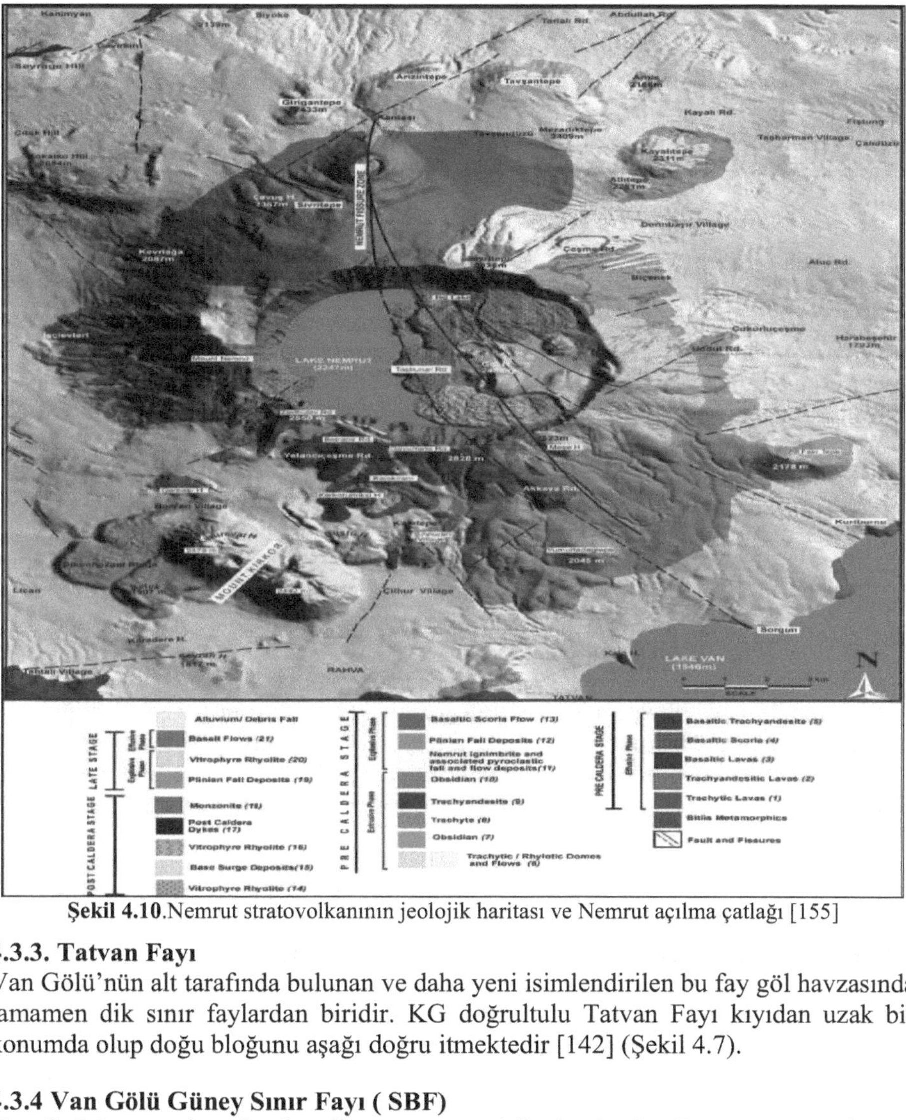

Şekil 4.10. Nemrut stratovolkanının jeolojik haritası ve Nemrut açılma çatlağı [155]

4.3.3. Tatvan Fayı

Van Gölü'nün alt tarafında bulunan ve daha yeni isimlendirilen bu fay göl havzasında tamamen dik sınır faylardan biridir. KG doğrultulu Tatvan Fayı kıyıdan uzak bir konumda olup doğu bloğunu aşağı doğru itmektedir [142] (Şekil 4.7).

4.3.4 Van Gölü Güney Sınır Fayı (SBF)

Van Gölü'nün en büyük tektonik unsurunu teşkil eden bu fay Tatvan ve Deveboynu yarımadaları arasındaki koyun güney kısmında doğu-batı doğrultusunda uzanmaktadır. Deveboynu Yarımadasınının etrafında keskince döndükten sonra güney istikametinin tekrar doğuya döndüğü kıyıya doğru devam ederek Gevaş ilçesinde sona erer. Sağ yanal atımlı fay özelliği göstermektedir [142, 156] (Şekil 4.7).

4.3.5. Van Gölü Kuzey Sınır Fayı (NBF)

Van Gölü'nün dibinde iki ayrı parça olarak haritalanmıştır. Deveboynu Yarımadasının denize yaklaşık 12 km'sinde Van Gölü Kuzey sınrı fayının doğu parçası GD-KB doğrultusunda uzanmaktadır. Fayın batı parçası ise doğu parçasının en uç batı kısmının yaklaşık 15km kuzeyine doğru uzanmaktadır [142,156] (Şekil 4.7).

4.3.6. Süphan Fayı

Kuzeyde Erciş ilçesi ile güneyde Bitlis İli'nin Adilcevaz ilçesi arasında, KD-GB doğrultusunda uzanan, toplam 30 km kadar uzunluğunda, birden fazla kırıktan oluşan küçük bir fay kuşağı niteliğindedir. Süphan yanardağından çıkmış olan volkanik kayaları (kuvarterner yaşlı) kesmesi ve dere yataklarını sol yönde ötelemesi, fayın en azından kuvarternerde diri ve sol yanal nitelikli olduğunu kanıtlar [157]. Sol yanal atımlı fay özelliği taşımaktadır [147, 158].

4.3.7. Ahlat Fayı (Ahlat Segmenti)

Bitlis İli Ahlat İlçesi civarında bulunmaktadır. Sismik boşluk oluşturan doğrultu atımlı bir fay segmentidir. Deprem potansiyeli oluşturabilecek bir yapıya sahiptir [159]

4.3.8. Kuzey Doğu Bitlis Bindirme Fayı

Bitlis Bindirme kuşağının kuzeyinde yer almaktadır. Sürekli bir segment halinde olan bu fay arazide açık bir şekilde gözlemlenebilmektedir. Yarım-havza özelliği olan Muş havzası tarafından sınırlanmış olup, kuzeydoğu sınırı kuzey dalımlı normal fay özelliği taşımaktadır. Güneydoğu kesiminde ise KB-GD oblik fay kuşağının yanı sıra önemli normal birleşenli yarı graben özellik göstermektedir [147] (Şekil 4.7).

4.3.9. Güney Doğu Bitlis Bindirme Fayı

Bitlis Bindirme kuşağının güneyinde yer almaktadır. Sürekli bir segment halinde olan bu fay arazide açık bir şekilde gözlemlenebilmektedir. Bitlis masifinin güney tarafını sınırlanmış olup, normal fay özelliği taşımaktadır (Şekil 4) [147].

4.3.10. Malazgirt Fayı

Sol yanal Doğrultu atımlı fay özlelliği göstermektedir [152, 158]. Malazgirt ilçesinin 8 km doğusunda yer alan fayın genel doğrultusu KD-GB olup, toplam uzunluğu 20 km dolaylarındadır [160]. Fay değişik doğrultu ve boyutlu birkaç kırıktan oluşur. Güneyde Süphan kuzeyde ise Cemalverdi yanardağları arasında yer alan fay, her iki yanardağdan türemiş lavları kesmektedir. Fay tarafından ötelenmiş dere yatakları fayın sol yanal nitelikli ve en azından kuvarterner içinde aktivite göstermiş olduğunu belgeler. Tutak Fayına dik doğrultudadır [157]. Birçok depreme kaynak olabilecek bu fay sismik olarak aktif durumdadır [144]. Tutak Fayı'nın güneyinde ancak bu faya dik doğrultuda bulunan Malazgirt fayı üzerinde de 28.04.1903 ve 27.01.1907 tarihlerinde M: 6.3 magnitüdünde iki deprem meydana gelmiştir [161]

4.3.11. Muş Bindirmesi

Muş havzası kuzey kenarı fayları genellikle D-B doğrultulu yüksek açılı bindirmelerden oluşmaktadır[160, 162,163]. Yaklaşık olarak 100km uzunluğundadır. Van Gölü'nün batısında bulunmaktadır ve güneydoğuya doğru devam etmektedir. Burada olabilecek bir deprem bölgedeki birçok yerleşim birimini etkileyecektir [164].

Bazı kaynaklarda Otluk Fayı (Otluk Fault) olarak da geçmektedir. Muş havzasının kuzeyden sınırlayan fay sistemidir. Genel anlamda kıvrımlı bir yapıya sahip olmayıp, hafifçe eğimli bir yapıya sahiptir. Doğusunda Nemrut stratovolkanı yer almaktadır. Sağ yanal atımlı doğrultulu fay özelliği taşımaktadır [147].

4.3.12. Çaldıran Fayı

Tutak fayının güneydoğu ucunda yer almaktadır. Fayın uzunluğu 50 kmdir. Fay yer yer çizgisel ve çok belirgin yer yer de izlenemez durumdadır. 1976 yılında meydana gelen Çaldıran depremiyle, fay yeniden aktivite kazanmış ve 55 km uzunluğunda yüzey yarılmaları izlenmiştir [156]. Küçük boyutlu olup depremsellik riski yüksek olan bir faydır [165]. Sismik olarak aktif durumdaki bu fayda 1976 yılında M= 7,3 büyüklüğünde bir deprem meydan gelmiş ve 3840 kişi hayatını kaybetmiştir [161, 166].

4.3.13. Başkale Fay Kuşağı

Yaklaşık 9-15 km genişlikte, 82 km uzunlukta, K-G ile KD-gidişli sol yanal doğrultu atımlı aktif bir makaslama kuşağıdır. Kuzeybatıda Işık köyü (Hakkari'nin yakın batısı) ile kuzeydoğuda Balıkpınarı yöresi (Türkiye-İran sınırı) arasında yer alır. Başkale Fay Kuşağı'nın güneybatı kesimi bir seri kısa ve bağımsız fay segmentinden, orta ve kuzeydoğu kesimleri ise yaklaşık K-G ve KD-gidişli, sık aralıklı, daha düzenli ve sürekli iki ayrı fay setinden oluşur. Bunlardan ilki, Başkale çek-ayır havzasının batı kenarını sınırlayan Başkale fay seti, ikincisi ise havzanın doğu kenarını sınırlayan ve denetleyen Çığılsuyu fay setidir. Morfotektonik olarak aktif olduğunu gösterir. 6 büyüklüğündeki 1908 Başkale depreminin de kanıtlamış olduğu gibi, Başkale Fay Kuşağı sismik bakımdan da diridir [167].

4.3.14. Erçiş Fayı

Erciş ilçesinin kuzeydoğusunda, KB-GD doğrultusunda uzanan ve sürekli olmayan kırıklar biçiminde gözlenir. Van gölünün kuzeydoğuya doğru uzanan kolunu da kuzeydoğudan sınırlayan bu kırıklar toplam 20 km uzunluktadır. Fay boyunca gözlenen ve doğrultu atımlı faylanmaya özgü basınç sırtları ve açılma çatlakları, Erciş Fay setinin en azından kuvarternerde etkin olmuş sağ yanal doğrultu atımlı bir kırık sistemi olduğunu göstermektedir [157, 158]. Deprem üretme potansiyeline sahip aktif bir faydır [144].

4.3.15. Van Segmenti (Van Sismik Boşluğu)

Bu sismolojik zon, henüz haritalanmamış sağ yanal atımlı fay sistemleriyle kontrol edilmekte ve üzerinde yoğun mikro-deprem aktivitesi görülmektedir. D-B uzanımlı

Muş-Van havzası bir bütün olarak düşünüldüğünde, her iki havzayı sınırlayan fay sistemleri üzerinde de aynı sismik hareketlilik göze çarpmaktadır [166, 168]. Tarihsel deprem kayıtları, Van sismik boşluğunun oldukça fazla depreme maruz kaldığını göstermektedir (Şekil 4.11) [162].

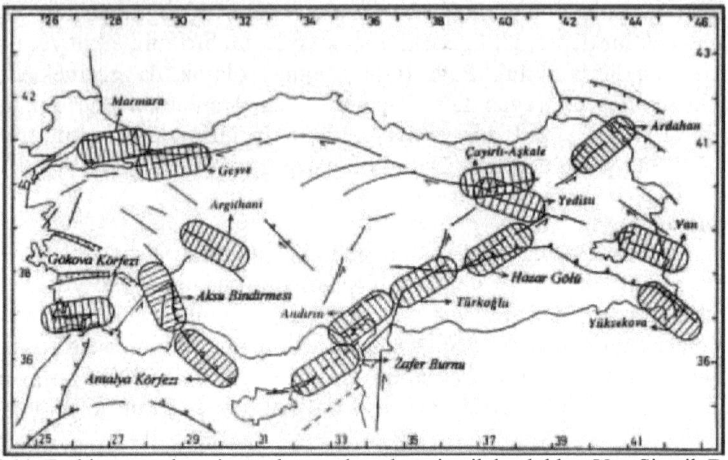

Şekil 4.11. Türkiye ve yakın civarında yer alan olası sismik boşlukları Van Sismik Boşluğu, Şemdinli - Yüksekova Sismik Boşluğu [169]

4.3.16. Varto Fay zonu

Varto fay zonu kendi arasında 44km uzunluğunda Çayçatı, yaklaşık 30 km uzunluğundaki Çaylar segmenti, 26 km uzunluğunda Yeşildal ve 45 km uzunluğundaki Sazlıca segmentlerine ayrılmaktadır [170]. Fay doğrultu atımlı ve sağ yönlüdür [147, 152, 171]. Varto fay zonu, büyük deprem üretme potansiyeline sahiptir [172]. Ketin (1977) tarafından yapılan çalışmada Van Gölü ile İran Sınırı arasındaki bölgede yaptığı jeoloji gözlemleri sonucunda yaklaşık olarak doğu-batı doğrultusunda dört fay zonu olduğunu belirtmiştir (Şekil 4.12).

Şekil 4.12. Van Gölü kuzey ve doğu bölgesinin başlıca fay zonları [173]

4.3.17. Birinci Fay Zonu

Birinci Fay Zonu iki kısımdan oluşmaktadır. İlk kesimi Varto- Van gölü arasındaki kesimdir. Birinci fay zonunun ikinci kesimi; Van Gölü'nün kuzeydoğu ucundan başlamakta inceleme alanı sınırının dışında, kuzeybatısında Ermişler köyüne ulaşmakta, Ermişler doğusunda inceleme alanının kuzeyine girmekte, oradan daha doğudaki Beşparmak köyüne ve daha sonra inceleme alanı dışındaki Seydibey köyü içinden geçerek İran sınırına doğru uzanmaktadır. Van Gölü yakınında Aşağı Kalecik ve Taşoğul köyleri arasındaki dere yatağının ve Topuzarpa köyü yakınındaki küçük dere yataklarının sağ yönlü olarak ötelenmiş olmaları I numaralı zonu oluşturan fayların doğrultu atımlı ve sağ yönlü olduklarını kısmen kanıtlamaktadır [173].

4.3.18 İkinci Fay Zonu

İkinci Fay Zonu; Van Gölü kıyısından başlayarak Erçek Gölü'nden ve Özalp'dan geçmekte, Dibekli köyü yakınında inceleme alanından çıkıp doğuda İran sınırına ulaşmaktadır. Erçek Gölü ile Özalp arasında ve İran'ın sınır bölgesinde doğrultu atımlı ve sağ yönlü faylanma hareketini gösteren kanıtlar gözlenmektedir [173]. Bu fayın sol yönlü doğrultu atımlı olduğu da ileri sürülmektedir [174].

4.3.19. Üçüncü Fay Zonu

Bu zon Van şehri yakın kuzeyinde Kalecik köyünden başlar, Bostaniçi gölünden, Değirmen - Arıtoprak - Hazine yakınlarından ve Çardak - Çaybağı - Keçikayası köyleri içinden geçerek Kapıköy yakın doğusunda İran sınırına ulaşır. Bu fay zonunun başlangıç kısmının doğrultu atımlı ve sağ yönlü olduğu, Kalecik köyünde, Kalecik kayasının (Eosen kireçtaşı) kuzey kenarını oluşturan fay düzlemi (doğrultusu 105°, eğimi 80° güneye) üzerindeki N 80°W doğrultulu kayma çiziklerinden; iki Eosen kalkeri arasında sıkışmış alacalı Üstkretase marnlarından ve Kalecik köyü yakın doğusundaki Eosen kalker bantlarının sağ yönlü atımlarından anlaşılmaktadır [173].

4.3.20. Dördüncü Fay Zonu

Gevaş ile Gürpınar arasında yer alan dördüncü fay zonuna ait doğu-batı doğrultusundaki faylardan kuzeyde olanı Köprülüler - Gürpınar ve Yatağandan geçmektedir. Bu fay boyunca büyük ölçüde traverten oluşukları gelişmiştir. Gevaş içinden geçen çift faylar ise, Atalan – Aladüz ve Gündoğan köyleri üzerinden doğuya doğru uzanmaktadırlar [173]. Ateş (2003) tarafından yapılan çalışmada diğer araştırmacıların belirtmiş oldukları faylardan farklı olarak Beyüzümü Fayı inceleme alanı içersinde gözlenmektedir (Şekil 4.13)[175].

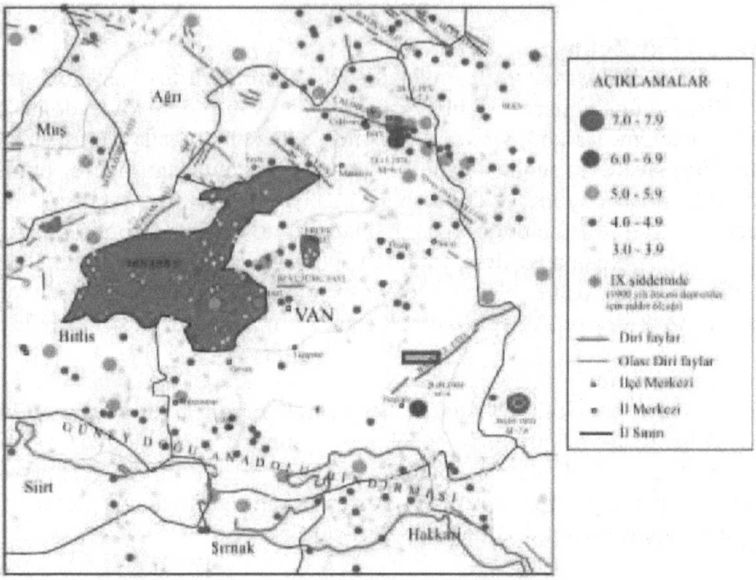

Şekil 4.13. Beyüzümü Fayı [173]

4.3.21. Beyüzümü Fayı

Bu fay, en iyi Beyüzümü köyünün kuzeyi (Van-Özalp yolu kuzeyi) ile Van şehri katı atık çöp alanı arasında izlenmektedir. Beyüzümü köyü kuzeyinde, Kuvaterner yaşlı alüvyon yelpazesi, yelpaze delta çökelleri ile Paleosen-Eosen, Oligo-Miyosen ve Pliyosen yaşlı çökeller, yine fayın doğuya devamında, Özalp yolu kuzeyinde de (Bostaniçi gölü kuzeyi) Pliyosen çökelleri ile Kretase yaşlı kayaçlar fay tarafından sınırlandırılmıştır. Genç birimleri sınırlandırması, ayrıca morfolojik veriler, fayın Holosen (Kuvaterner)'de etkin olduğunu göstermektedir. Fayın haritalanabilen kesiminin uzunluğu yaklaşık 20 km'dir [175]. 1945 yılında, Van yerleşim alanını ve çevresindeki köyleri etkileyen depremin, bu faydan kaynaklanma olasılığı vardır. Deprem sonrasında bölgede araştırmalar da bu alandan geçen faydan bahsetmektedir [176].

Koçyiğit (2011) tarafından yapılan çalışmadan elde edilen tektonik haritada Van Gölü'nün doğusunda irili ufaklı değişik karakterde birçok fay görülmektedir [177]. Bu çalışmada diğer araştırmacıların belirtikleri faylardan farklı olarak ters faylanma özelliği gösteren Gevaş Fayı, Gürpınar Fayı, Kalecik Fayı, Alanköy Fayı, Gözlü Fayı, Ilıkaynak Fayı, Yeşilsu Fayı ve 23 Ekim 2011 Van Depreminin kaynağı olarak düşündüğü Everek Bindirme Fayı ile sol yanal atımlı normal fay özelliği gösteren Çakırbey Fayı gözlemlenmektedir (Şekil 4.14) [177].

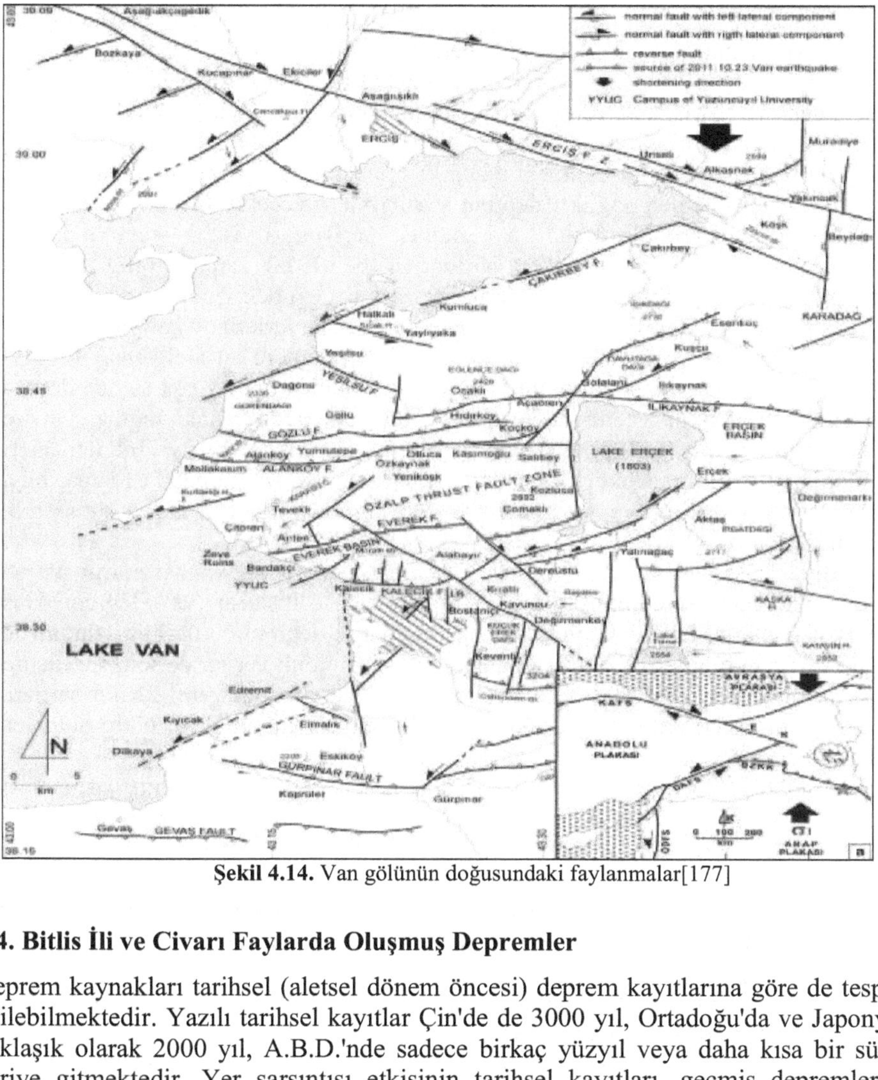

Şekil 4.14. Van gölünün doğusundaki faylanmalar[177]

4.4. Bitlis İli ve Civarı Faylarda Oluşmuş Depremler

Deprem kaynakları tarihsel (aletsel dönem öncesi) deprem kayıtlarına göre de tespit edilebilmektedir. Yazılı tarihsel kayıtlar Çin'de de 3000 yıl, Ortadoğu'da ve Japonya yaklaşık olarak 2000 yıl, A.B.D.'nde sadece birkaç yüzyıl veya daha kısa bir süre geriye gitmektedir. Yer sarsıntısı etkisinin tarihsel kayıtları, geçmiş depremlerin oluşumunu teyid etmede ve bunların şiddetinin coğrafi dağılımını bulmada kullanılabilir. Yeteri kadar veri mevcut olduğu zaman maksimum şiddet bulunabilir ve bundan da deprem dışmerkezinin yeri ve depremin magnitüdü belirlenebilir. Bu şekilde bulunan dışmerkezlerin yerleri nüfus yoğunluğu ve deprem tekrarlanma aralığına önemli derecede bağlı olsa da, tarihsel depremler, deprem kaynak zonlarının varlığı hakkında sağlam kanıtlar sağlar. Tarihsel depremlerin oluş zamanı kaydedilmiş olduğundan, belirli bir alandaki deprem tekrarlanma oranını veya sismisiteyi değerlendirmede kullanılabilirler.

Bölgelerin deprem riskleri jeolojik olarak bu fayların belirlenmesi ile elde edilebileceği gibi daha önceki deprem kayıtlarından faydalanılarak ta bulunabilmektedir. Önceden depreme maruz kalmış bölgeler gelecekte de benzer şekilde depremlerden zarar görecek bölgeler olarak görülmektedir [178].

Yüksek sismik aktiviteye sahip olan bölgelerde depremlerin oluşumlarının ve dönüş periyotlarının tespit edilmesi önem taşımaktadır. Geçmişten günümüze kadar gözlenen ve kaydedilen sağlıklı deprem verileriyle gelecekte meydana gelebilecek depremlerin oluşma olasılıkları ve dönüş periyotları istatistiksel modellerle belirlenebilmektedir. Bu modeller yardımı ile belirli bir zaman aralığı içerisinde hangi büyüklükte ve sıklıkta depremlerin beklenebileceği belirlenebilmektedir [179].

Son 80 veya 90 yıllık dönemde dünyanın değişik yerlerinde her yıl yaklaşık 10 kadar $Ms \geq 7$ deprem meydana gelmiştir. Büyük depremlere ait aletsel kayıtlar 1900 yılından itibaren alınmaya başlanmışsa da, 1960 yılından önceki çok sayıda depreme ait veriler ya eksiktir ya da kalite sorunu bulunmaktadır. Buna rağmen, deprem kaynaklarının tespit edilmesinde ve değerlendirilmesinde en iyi bilgiler aletsel kayıtlardan elde edilmektedir. Bu kayıtlar konusundaki en önemli kısıtlama, büyük depremler arasındaki ortalama zamanla kıyaslandığında, sadece kısa bir süreden beri mevcut oluşlarıdır [180].

Bina hasarlarının, alt yapı ve ulaşım sistemlerindeki hasarların ve can kayıplarının tahmin edilmesi ise ikinci aşamayı oluşturur ve Deprem Hasar Senaryoları olarak tanımlanabilir. Kentsel alanlarda deprem etkilerinin tahmini için tarihsel deprem bilgileri, jeolojik, geoteknik ve sismolojik veriler derlenmeli, deprem tehlikesi olasılıksal olarak değerlendirilmeli, yer hareketinin yerel zemin şartlarına göre değişimi hesaplanmalı ve Coğrafi Bilgi Sistemleri kullanılarak mikro bölgeleme ve hasar haritaları hazırlanmalıdır [181].

Bir bölgenin depreme maruz kalma derecesi, bu bölgenin sismisitesini göstermektedir. Bir bölgenin sismisitesinde en önemli yeri jeolojik formasyonların kırılmasından oluşan faylar meydana getirir. Bölgelerin deprem riskleri, jeolojik olarak bu fayların belirlenmesi ile elde edilebileceği gibi, daha önceki deprem kayıtlarından faydalanılarak da bulunabilir. Önceden depreme çok maruz kalmış bölgeler, gelecekte de benzer şekilde depremlerden zarar görecek bölgeler olarak görülmektedir [182].

Doğu ve Güneydoğu Anadolu'daki depremler DAF, Kuzey Doğu Anadolu Fayı ve Bitlis Bindirme zonları üzerinde oluşmaktadır. Bu, her an büyük, can yakıcı depremler olabileceği anlamına gelmektedir. Tarihsel depremler bakımından da Doğu ve Güneydoğu Anadolu bölgelerinde bir yoğunluk gözlenmektedir [183]. Van Gölü sismik açıdan oldukça büyük aktif bir zondur. 1900 yıllardan beri Van Gölü civarında büyüklüğü ≥ 5 olan yaklaşık 30 deprem meydana gelmiştir [184].

Bitlis İli'nin de içinde bulunduğu Van Gölü havzasının yoğun sismik aktivitesi dikkate alındığında Bitlis depremsellik açısından incelenmeye değerdir (Şekil 4.15).

1990 yılında yapılan çalışmada Bitlis İlinde 1900–1985 arasında büyüklüğü M_S =4.2 den büyük 212 adet depremin oluştuğunu belirtilmiştir. Oluşan bu 212 adet depremin 12 tanesi Bitlis İli dışında oluşmuştur. Aynı tablolar incelendiğinde Bitlis İlinin, Bulanık-Muş, Malazgirt, Van, Varto, Lice, Bingöl, Çaldıran depremlerinden etkilendiği belirgin olarak görülecektir. Bitlis mikro depremlerin sıkça olduğu bir bölgede yer almaktadır.

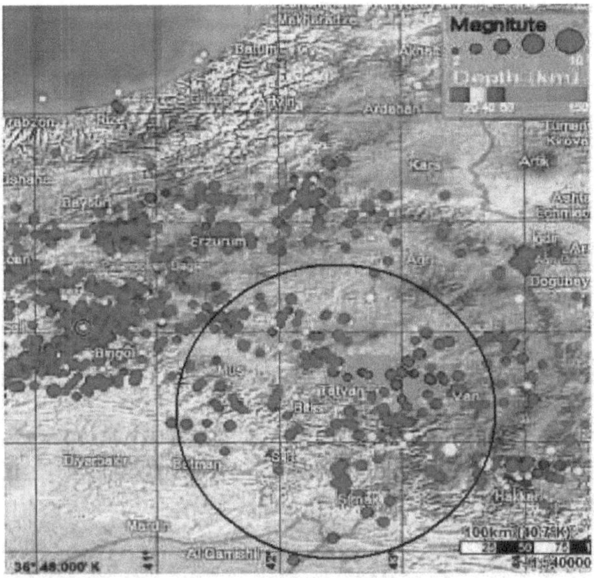

Şekil 4.15. Doğu Anadolu Bölgesi ve Van Gölü Havzası boyunca deprem episantırlarının, magnitütlerinin ve derinliklerinin dağılımı görülmektedir. Haritalar 1 Aralık 1999 ve 23 Mart 2005tarihleri arasında kaydedilmiş depremleri göstermektedir [140]. Kırmızı yuvarlaklar 20 km'den daha sığ hiposantırları göstermektedir.

31 Mart 1907 yılında olan depremde şehir merkezi çok ciddi şekilde tahrip olmuş ve bu depremde Bitlis İlinde bulunan çoğu yapı tamamen kullanılmaz hale gelmiştir. Bu depremin artçı depremleri süregelmiş ve kış şartları da insanların barınma sorununu ortaya çıkarmıştır [185,186,187,188,189,190,191]. Bu çok kuvvetli depremden sonra şehirdeki hayat bayağı zor bir hale gelmiştir [192,193]. 300 bina tamamen yıkılmış çok sayıda hasar meydana gelmiştir. Bu depremlerden sonra 28 artçı deprem hayatı daha da zor hale getirmiştir [194,195]. Bunun yanı sıra yine 25 Aralık 1969 tarihinde meydana gelen deprem de Bitlis İlinde hafif hasarlar meydana gelmiştir [196].

Bitlis ve yakın çevresi, gerek tarihsel ve gerekse aletsel dönemlerde büyük deprem serileri üreten Kuzey Anadolu Fayı, Doğu Anadolu Fayı ve Bitlis İli'ni sınırlayan Bitlis kenet Kuşağı gibi üç ana fay sisteminden etkilenebilecek bir bölge içerisinde yer almaktadır. Özellikle 200–300 yıldır deprem üretmeyen Doğu Anadolu Fayı'nda deprem üretme potansiyeli çok yüksek sismik boşlukların bulunması Bitlis İli'ni depremsellik açısından önemli kılmaktadır.

Bitlis ve civarında tarihsel dönemlerde VIII ve IX şiddetinde depremlerin olduğu bilinmektedir (Tablo 4.1).

Tablo 4.1. Bitlis ve çevresinde 20. Yüzyıldan önce oluşmuş önemli depremler [158, 197,198, 199,200, 201,202,203, 204,205,206,207]

No	Tarih	Enlem	Boylam	Bölge	M	I
1	461	39.10	42.50	Malazgirt		X
2	1012	39.10	42.50	Malazgirt		VII
3	1097	38.50	43.40	Van - Bitlis		VII
4	1101	38.50	43.50	Ahlat - Van		VI
5	1110	38.50	43.50	Ahlat - Van		VIII
6	1111	38.50	42.70	Ahlat - Van		IX
7	1208	38.70	42.50	Ahlat - Van - Bitlis - Muş	6,5	
8	1245	38.74	42.50	Ahlat - Bitlis- Van - Muş		VIII
9	1246	38.90	42.90	Ahlat - Erçiş –Van		VIII
10	1275	38.40	42.10	Bitlis- Ahlat -Erciş – Van		VII
11	1276	38.90	42.50	Bitlis- Ahlat -Erciş – Van		VIII
12	1282	38.90	42.90	Ahlat – Erçiş		VII
13	1345	39.10	42.50	Malazgirt		VIII
14	1363	38.70	41.50	Muş ve çevresi		IX
15	1415	38.50	43.00	Van Gölü		V
16	1416	38.50	43.00	Van Gölü		VII
17	1439	38.50	42.10	Nemrut		VI
18	1441	38.35	42.10	Nemrut		VIII
19	1444	38.50	43.40	Nemrut - Van		VI
20	1546	38.50	43.40	Van - Bitlis		V
21	1582	38.35	42.10	Bitlis ve civarı		VIII
22	1646	38.50	43.40	Van ve civarı		VII
23	1647	39.15	44.00	Van - Muş -Bitlis		IX
24	1648	38.30	43.70	Van ve civarı	6,7	VIII
25	1670	38.00	42.00	Hizan - Siirt	6,6	
26	1682	38.40	42.10	Bitlis		
27	1696	39.10	43.70	Çaldıran - Bitlis	6,8	X
28	1701	38.50	43.40	Van ve çevresi		VIII
29	1704	38.50	43.40	Van		VII
30	1705	38.40	42.10	Bitlis	6,7	IX-X
31	1715	38.70	43.50	Van - Erçiş	6,6	VIII
32	1869	38.40	42.10	Bitlis ve çevresi		VII
33	1871	38.50	43.40	Van -Nemrut	5,5	VII
34	18.05.1881	38.35	42.10	Nemrut	6,7	
35	30.05.1881	38.50	43.40	Van - Nemrut	7,3	IX
36	1884	37.50	42.50	Bitlis - Pervari	6,9	
37	1891	38.80	42.50	Malazgirt- Adilcevaz	5,5	VIII
38	1892	39.10	42.50	Malazgirt - Muş		VII
39	1895	39.10	42.50	Malazgirt - Adilcevaz		VIII

Tarihsel depremler incelendiğinde, yakın zamanda büyük depremlerin olduğu yerleşim birimlerinde (örneğin Kocaeli, Düzce, Dinar, Bingöl ve Osmaniye gibi) enerji boşalmaları nedeni ile rahatlama olduğu görülmektedir. Buna karşılık, uzunca zamandır büyük depremlerin olmadığı yerlerde de (örneğin Tekirdağ, Kahramanmaraş, Bitlis, Uşak, vb.) enerji birikimi nedeni ile katsayının yüksek çıktığı gözlenmektedir [208]. Bu bağlamda Bitlis İli ve civarında bulunan fay hatları üzerindeki enerjinin yoğunlaşması anlamı taşımaktadır. Dolayısıyla bu da Bitlis İlinin depremselliğine ayrı bir boyut ve önem kazandırmaktadır. Uzun zamandan beri oluşmayan depremlerin meydana getireceği enerji birikimi oluşabilecek büyük depremlerin habercisi olarak yorumlanabilecektir.

Tarihsel dönem dışında aletsel dönemde merkez üssü Bitlis olan depremlerden bazıları Tablo 4.2'de gösterilmiştir.

Tablo 4.2. Aletsel dönemde merkez üssü Bitlis ve ilçeleri olan bazı depremler [205].

Tarih	Enlem	Boylam	Magnitüd	İl	İlçe
05.03.1914	38.46	42.15	5.2	BITLIS	MERKEZ
07.03.1914	38.46	42.15	5.8	BITLIS	MERKEZ
09.05.1966	38.3	42.3	4.4	BITLIS	MERKEZ
09.05.1966	38.27	42.34	4.4	BITLIS	MERKEZ
26.11.1901	38.37	42.6	4.4	BITLIS	TATVAN
19.09.1966	38.3	42.52	4.8	BITLIS	TATVAN
27.04.1966	38.14	42.52	4.9	BITLIS	HIZAN
02.05.1966	38.1	42.61	4.6	BITLIS	HIZAN
02.05.1966	38.1	42.5	4.7	BITLIS	HIZAN
30.04.2011	38.1832	42.5258	4.5	BITLIS	HIZAN
06.01.2012	38.0172	42.6005	4.2	BITLIS	HIZAN
14.06.2012	38.0155	42.5203	4.2	BITLIS	HIZAN
29.03.1907	38.6	42	5	BITLIS	GÜROYMAK
31.03.1907	38.53	42.16	5.1	BITLIS	GÜROYMAK
13.08.1903	38.73	42.18	5.2	BITLIS	AHLAT
14.02.1915	38.8	42.5	5.6	BITLIS	AHLAT
05.05.2007	38.7367	42.218	4.4	BITLIS	AHLAT
02.03.1906	38.85	42.94	4.6	BITLIS	ADILCEVAZ
03.09.1952	39	43	4.7	BITLIS	ADILCEVAZ
25.05.1972	38.8728	42.8777	4.6	BITLIS	ADILCEVAZ

Aletsel dönemde deprem merkez üssü Bitlis ve ilçeleri olan depremler harita üzerinde gösterilmiştir.(Şekil 4.16).

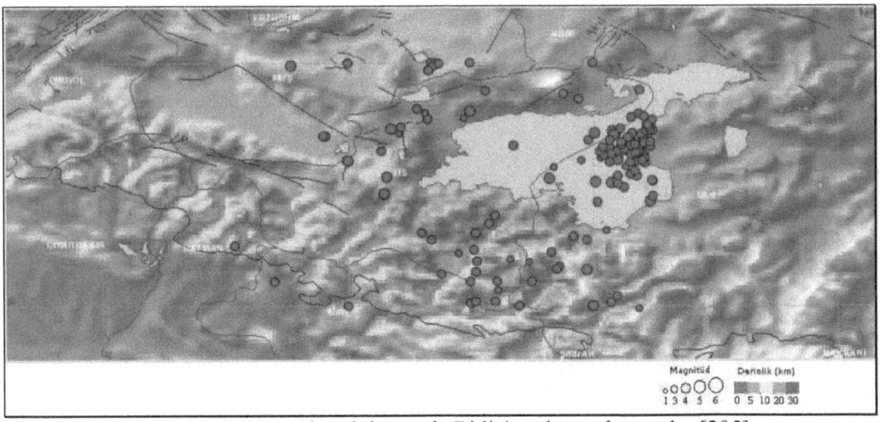

Şekil 4.16. Aletsel dönemde Bitlis'te oluşan depremler [205]

Günümüzde deprem verilerinin incelenmesinde, depremin hangi büyüklükte, ne zaman ve nerede meydana geleceğini tam olarak bilmenin mümkün olmadığı kabul edilen bir gerçektir. Fakat istatistik bilimi tarafından ortaya atılan yöntemlerle, verilere yapılabilecek uygun analizler ile bu belirsizlik probleminin çözümünde bazı adımların atılabileceği söylenebilir [209].

Bitlis ve civarı faylarda oluşmuş depremler araştırılırken, 01.01.1900 - 31.12.2006 tarihleri arasında Kandilli Rasathanesi kayıtlarına göre Bitlis Şehir Merkezine 150 km yarıçapındaki daire içerisinde 70.650 km2 lik alana düşen toplam 242 adet deprem değerlendirmeye alınmıştır. 242 adet depremin dağılımlarının sınıflandırılması aşağıda yapılmıştır [209] (Tablo 4.3.).

Tablo 4.3. Bitlis İli ve civarında oluşmuş depremlerin şiddetlerine göre tekrarlanma sayıları

Şiddet	Ms	Mw	Mb	Md	Ml
3,0 -- 4,0	59	----	2	2	2
4,0 -- 4,5	55	79	100	103	99
4,5 -- 5,0	88	100	104	98	110
5,0 -- 5,5	27	42	28	32	21
5,5 -- 6,0	8	17	7	3	6
6,0 -- 6,5	2	4	1	2	4
6,5 -- 7,0	3	----	----	1	----

Md: Süreye bağlı büyüklük; Ml: Yerel (lokal) büyüklük; Ms: Yüzey dalgası büyüklüğü; Mb: Cisim dalgası büyüklüğü, Mw: Moment büyüklüğü

Erdik ve diğerleri [210] tarafından yapılan çalışmada Ülkemiz için %10 aşılma olasılığı ile 50 yıl için tepe yer ivmesi değerleri hesaplanmıştır (Şekil 4.17) . Bu çalışmadan da görüleceği üzere Bitlis İlinin de içinde bulunduğu Van gölü havzası DAF ve KAF hatlarının birleşme bölgesi içinde yer almakta ve beklenen en büyük tepe yer ivmesine sahip olabilecek kısımda kalmaktadır. Bunun yanı sıra bölgedeki volkanik ve tektonik yapıların etkisine Bitlis Kenet Kuşağının da etkisi eklenecek olursa Bitlis ili ve İlçelerinin gelecekte olabilecek büyük bir depremin etkisinde kalacağı yorumu yapılabilecektir.

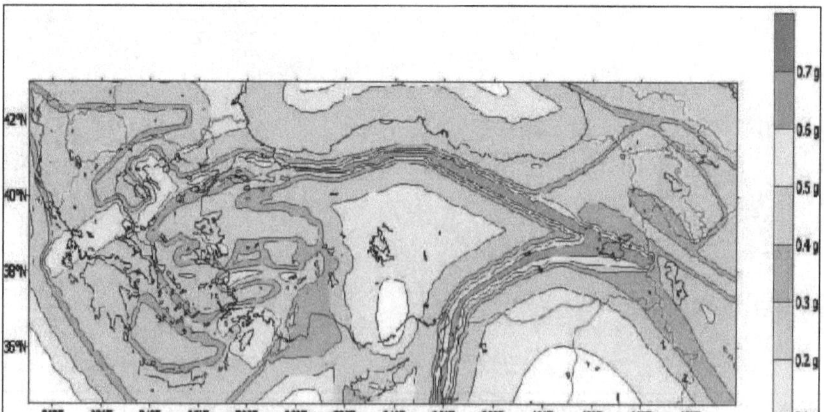

Şekil 4.17. %10 aşılma olasılığı ile 50 yıl için pik yer ivmesi değerleri [210]

Magnitüdün fonksiyonu olarak depremlerin oluş frekansı incelendiğinde, genellikle doğrusal bir ilişki ile yorumlanmaya çalılışılır. Depremlerin magnitüdü ile oluş sayıları arasında ilk defa Gutenberg ve Richter (1944) [211] tarafından verilen;

$$\log N = a - b.M \qquad (4.1)$$

bağıntısı, bir bölgenin deprem etkinliğini yansıtmak için kullanılan en önemli bağıntılardan biridir [211]. Burada N, verilen bir bölge ve periyot için, magnitüdü M'e eşit veya daha büyük olan depremlerin sayısını, a ve b ise regresyon katsayılarını göstermektedir. Bu değerlerin Bitlis ili için hesaplamalar yapılırken Tablo 4.1 ve Tablo 4.2'de gösterilmiş olan ve M $\geq$ 4 olan depremler dikkate alınmıştır. Dikkate alınan deprem magnitüd değerlerinin logaritmik değerleri Tablo 4.4'te hesaplanmıştır. Hesap sonucu elde edilen değerler Şekil 4.18' deki grafikte gösterilmiştir.

Tablo 4.4. Deprem magnitüd değerlerinin logartimik değerleri

Ms	M =0.5	Ort. Aralık	Frekans	Log N	Yığınsal frekans	Log N
	4,0 -- 4,5	4.25	55	1.74036	183	2.26245
	4,5 -- 5,0	4.75	88	1.94448	128	2.10721
	5,0 -- 5,5	5.25	27	1.43136	40	1.60206
	5,5 -- 6,0	5.75	8	0.90309	13	1.11394
	6,0 -- 6,5	6.25	2	0.30103	5	0.69897
	6,5 -- 7,0	6.75	3	0.47712	3	0.47712

Hesap sonucu elde edilen değerler Şekil 4.18' de grafikte gösterilmiştir.

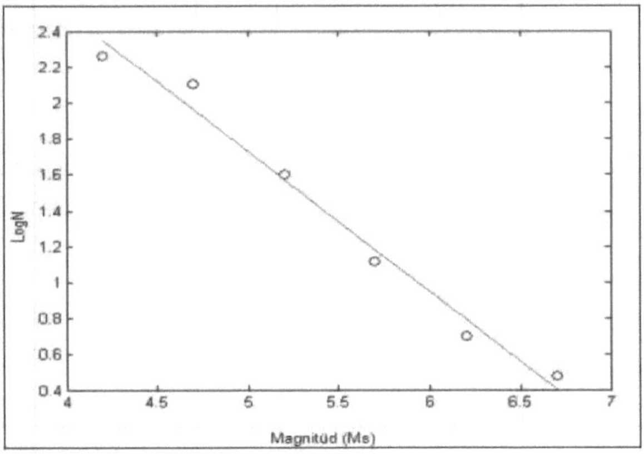

Şekil 4.18. Bitlis İli için Gütenberg-Richter bağıntısı

a ve b regresyon katsayıları hesaplanırken en küçük kareler yöntemi uygulanarak bilgisayar ortamında %99 korelasyon katsayısı ile hesaplanmışıtr [212]. Bitlis İli için hesaplanan Gütenberg-Richter bağıntısı;

logN = 5,6247 – 0,7794 M olarak bulunmuştur.

a parametresi inceleme alanının genişliğine, gözlem dönemine ve ve deprem düzeyine bağlıdır. b değeri ise bölgenin tektonik karakteristiğini belirleyen bir parametre olarak kabul edilmektedir [179]. b değeri daha önce yapılan çalışmalarla uyum göstermektedir. Bayrak vd. tarafından yapılan çalışmada Bitlis İlinin bulunduğu bölge için b değeri, 0,6-0,8 arasında çıkmıştır [213].

Hem tarihsel hem de aletsel dönem deprem sonuçları Van Gölü havzasının yoğun sismisitesini ortaya koymaktadır. Sonuç olarak Bitlis İlinin de içinde bulunduğu Van Gölü Havzasında büyük bir depremin olabilirliği yapılan çalışmalarda görülmektedir.

Bitlis İli için hesaplanan logN = 5,6247 – 0,7794 M magnitüd-frekans ilişkisinin yanı sıra probabilistik sismik tehlike analizinde uzunluk Lsub (km), genişlik W (km), alan A (km2) ve yer değiştirme D (m) gibi fay parametrelerine ihtiyaç duyulmaktadır. Wells ve Coppersmith (1994) [214] doğrultu atımlı faylar için dünyada yaygın olan 244 adet deprem için aşağıdaki ilişkiyi elde etmişlerdir.

$$Mw = 4.33 + 1.49 \log Lsub \qquad s = 0.2 \qquad (4.2)$$

Burada s, artan standart sapma olarak tarif edilmiştir.

5. Sismik Tehlike Analizi

Dünyanın pek çok yerinde depremlerin beşeri faaliyetler üzerinde oluşturduğu tehdit, yapı ve tesislerin tasarımında dikkatli bir şekilde göz önüne alınması için yeterli bir sebeptir. Depreme dayanıklı tasarımın amacı, belirli bir düzeydeki sarsıntıyı, aşırı hasar meydana gelmeden atlatabilecek yapı ve tesisi inşa etmektir. Büyük ölçekli mühendislik yapıların projelendirilmesinde önemli bir yer tutan deprem risk analizinin birinci aşamasını sismik tehlike analizi oluşturmaktadır. Belirli büyüklükteki bir depremin tekerrür aralığının hesaplanması, maksimum yer ivmesi dönüş periyodu ile yer ivmesinin aşılma ihtimalinin belirlenmesi sismik tehlike analizinin konusunu oluşturmaktadır [215].

Depremi diğer afetlerden ayıran kılan dört özellik bulunmaktadır. Deprem önceden kestirilememekte, ani olmakta, çok kısa zamanda olup bitmekte ve durdurulamamaktadır [216]. Deprem riskini etkileyen faktörler; deprem tehlikesi, arazi kullanımı, demografik yapı ve ekonomik yapı olarak değerlendirilebilir. Deprem tehlikesi, başta depremin büyüklüğü olmak üzere, deprem dalgalarının farklı zeminlerdeki yayılım hızları ve yarattıkları ivme değerleriyle ölçülebilmektedir [217].

Hasar ve can kaybı yaratabilecek bir depremden kaynaklanan yer hareketinin belirli bir yerde ve belli zaman periyodunda meydana gelme ihtimali deprem tehlikesi olarak tanımlanmaktadır. Deprem riski, deprem nedeni ile hasar, mal ve can kaybı ihtimali olarak tanımlanabilir. Risk şu soruların yanıtlarının toplamıdır: Ne büyüklükte bir deprem, ne kadar uzaklıkta, nasıl bir zeminde, ne tür bir yapıda, ne değerde hasar ve kayba neden olur? 'Ne düzeyde tehlike?' sorusunun yanıtını ararken yapılacak ilk iş nerede deprem olabileceğini deterministik olarak tanımlamak ya da olasılıksal olarak kestirmektir. Deprem tehlikesi, deprem riskinin önemli bir öğesidir [218,219,220].

Yapılar kullanım süreleri boyunca farklı yük etkilerinde kalmaktadırlar. Bu yüklerden, deprem yükleri analizi en karmaşık olan yükleme çeşididir. Bir yapının şiddetli bir depreme maruz kalması ekonomik ömrü içinde bir olasılıktır, yani risk mutlak değildir; bu süreç içinde şiddetli bir deprem oluşmama ihtimali de mevcuttur. Yapılar sismik açıdan değerlendirilirken olasılık model ile gerçek davranışlarının farklılıkları da dikkate alınarak incelenmelidir. Kırılganlık analizleri, hasar olasılıklarını ve yapıların tepkilerini belirlemede bir araç olarak kullanılmaktadır. [221].

Depreme dayanıklı yapı tasarımında performansa dayalı tasarım yaklaşımının benimsenmesi ile birlikte, kuvvetli yer hareketinin gerçeğe en yakın şekilde benzeştirilmesi konusu önem kazanmıştır. Zaman tanım alanında gerçekleştirilen doğrusal olmayan dinamik analizde kullanılan bilgisayar yazılımları ve yapısal modelleme tekniklerindeki son gelişmeler, bu tip analizlerde girdi olarak kullanılan yapay ivme benzeşimleri konusunu ön plana çıkarmaktadır. Tasarım depremi olarak, benzer özellikler taşıyan mevcut deprem kayıtlarının kullanılması uygun gözükse dahi, tektonik yapı, deprem büyüklüğü, yerel jeoloji ve yakın fay bölgesi koşullarını sağlayan uygun bir veri dizisinin bulunması çok olası değildir [222].

Sismik tehlike analizi, belirli bir sahadaki yer sarsıntısı tehlikesinin nicel olarak hesaplanmasıdır. Sismik tehlike analizinin amacı zeminin ve mühendislik yapılarının gelecekte maruz kalacağı depremsel yükleme şartlarının hesaplanmasında gerekli olan depremsel yer hareketi ile ilgili parametrelerin (ivme, hız, deplasman) hesaplanmasıdır. Deprem katalogları ve verileri, deprem kaynak parametreleri, kuvvetli yer hareketi, sismik tehlike hesaplanması gibi faktörler sismik tehlike analizin oluşturan dört ana başlık olarak görülmektedir [223].

Sismik tehlike analizinde amaç belirli bir bölgedeki depremlerin zaman ve yer içinde oluşları ile ilgili tarihi ve jeolojik bilgileri bölgenin sismik etkinliği ve deprem parametrelerinin azalımına ilişkin bilgilerle birleştirerek ileride beklenebilecek sismik faaliyet hakkında belirli olasılık değerlerini saptamaktır. Sismik tehlike analizinin çıktısı, göz önünde tutulan bir noktadaki belirli bir zemin hareketi değişkeninin ya da deprem şiddetinin olasılık dağılımıdır [106].

Sismik tehlikeler, özel bir senaryo depreminin varsayıldığı durumda olduğu gibi deterministik yöntemle veya depremin büyüklüğü, yeri ve oluş zamanıyla ilgili belirsizliklerin açık bir şekilde göz önüne alındığı probabilistik yöntemle analiz edilebilir. Sismik tehlike analizinde tasarım yer hareketi geliştirme önemli bir parça olsa da tasarım yer hareketi için başka bileşenler de vardır [224,225].

Olasılıksal sismik tehlike analizi için kullanılan geleneksellеşmiş akış şemasında (Şekil 5.1); ilgilenilen saha veya bölge için yerel zemin etkileri, ya mevcut azalım ilişkilerindeki parametreler yoluyla sisteme içsel olarak dahil edilmekte, ya da tipik kaya sahalar için belirlenen tehlike seviyeleri amprik büyütme veya küçültme katsayılarıyla ıslah edilmektedir [226].

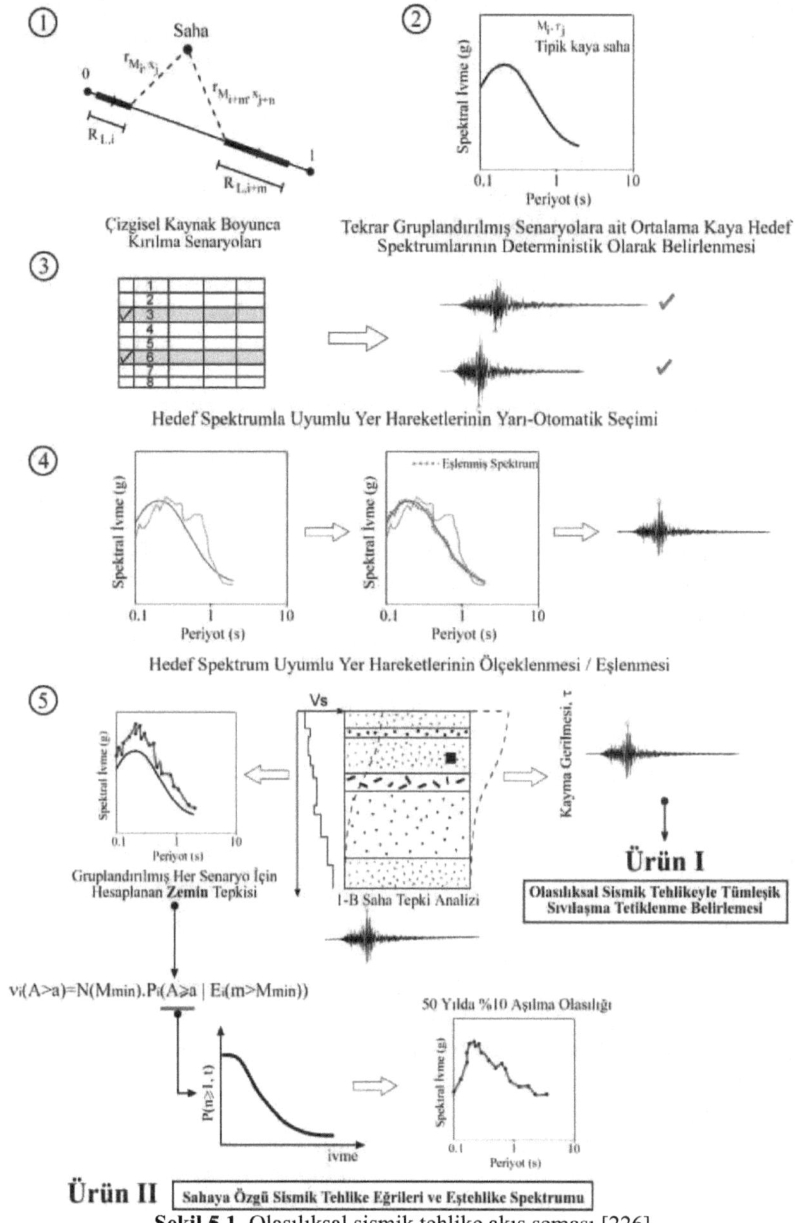

Şekil 5.1. Olasılıksal sismik tehlike akış şeması [226]

Deprem tehlikesinin belirlenmesinde yaygın olarak kullanılan bu iki yöntemden birincisi incelenen sahayı etkileyebilecek tüm olası deprem senaryolarını dikkate alan probabilistik deprem tehlike analizidir. Bu analizin sonucunda elde edilen tehlike, referans zemin koşullarında en büyük yer ivmesi ve spektral ivmeler gibi yer hareketi parametleri ile ifade edilmektedir. Diğer yöntem ise deterministik deprem tehlike analizidir. Deterministik deprem tehlike analizi genellikle probabilistik çalışmayı takiben yapılmaktadır. Bunun nedeni deterministik hesaplamada kullanılan deprem senaryolarının bileşik probabilistik tehlikenin ayrıştırılarak belirli bir bölgedeki deprem tehlikesine en fazla katkı sağlayan deprem kaynaklarının belirlenmesi ile elde edilmesidir. Deterministik analiz sonucunda yer hareketi parametreleri veya yapay kuvvetli yer hareketi ivme zaman hikayeleri elde edilmektedir [225].

Gelecekteki depremlerin konum, büyüklük ve oluş zamanlarında belirsizlikler mevcuttur. Deprem oluşumlarını modellemede kullanılan stokastik modeller bu belirsizliği yansıtır. probabilistik metod basit Poisson Modelidir. Bu model deprem oluşumlarının hafızasız olduğunu ve bir kaynak bölgesi içinde depremlerin gerek konum ve gerekse zaman açısından birbirinden bağımsız olarak meydana geldiğini kabul eder. Zaman-bağımsız modellerden birisi de jeolojik bilgilerdeki belirsizliğin ağırlık faktörleri ile değerlendirildiği Bayes modelidir. Zaman-bağımlı (hafızalı) modeller zaman tahminli, kayma-tahminli modeller ve semi-Markov modelleridir. Bu hafızalı modellerden en yaygın olarak kullanılanı "karakteristik deprem" modelidir. Bu modeller ancak üzerinde çok çalışılmış fay hatları (San Andreas Fayı gibi) ve sadece karakteristik depremlerden kaynaklanacak deprem tehlikesi için geçerli olmakta; fay segmentasyonu ve yinelenme sürelerinden kaynaklanan belirsizlikler bu modellerin Poisson modelinin yerini almasına müsaade etmemektedir. Diğer taraftan, Poisson modeli her durumda diğer modellere nazaran daha emniyetli tarafta deprem tehlikesi sonuçları doğurmaktadır. Sismik riskin hesaplanmasında ilk aşama, incelenen bölgenin etkilenebileceği sınırlar içinde geçmişte meydana gelmiş depremlerin magnitüdlerine göre dağılımlarının bulunması bölgenin depremselliğini yansıtan parametrelerin hesaplanmasıdır. Bu yaklaşımda deprem magnitüdlerine gore ortalama dönüşüm periyotları ve seçilen bir zaman süresi içinde olma olasılıkları bulunabilir [227].

Bir bölgede gelecekte büyük bir depremin magnitüdünü, yerini ve yer hareketinin ivmesini ve tekrarlanma ilişkisini olasılık analizi yaparak tahmin edebilmek için beş konuda bilgi sahibi olunmalıdır;

- Sismotektonik bölgede önemli yer hareketi oluşturabilecek tüm deprem kaynaklarının tespit edilmesi ve özelliklerinin ortaya konulması, bölgeyi etkisi altına alabilecek depremlerin noktasal, çizgisel veya alansal nitelikte olabilen kaynaklardan hangisine ait olduğunun belirlenmesi
- Bölgenin jeolojik ve tektonik durumu
- Bir sonraki adımda, deprem tekrarlanmasının zamansal dağılımı ortaya konmaktadır. Belirli bir deprem büyüklüğünün aşılacağı ortalama oranı tanımlayan tekrarlanma ilişkisidir. Bu çalışma için 4,0'den daha küçük magnitüdlü depremlerin sismik tehlikeye katkısı olmadığı varsayılmıştır. Tekrarlanma ilişkisi ile maksimum büyüklükteki deprem belirlenebilir.

- Kaynak alanının herhangi bir noktasında oluşabilecek herhangi büyüklükteki depremin sismotektonik alanda üreteceği yer hareketi, azalım ilişkileri kullanılarak belirlenmelidir.
- Son olarak; deprem lokasyonu, deprem büyüklüğü ve yer hareketinin kestirilmesi ile ilgili belirsizlikler birleştirilerek, belirli bir zaman aralığında yer hareketi parametresinin aşılma ihtimali elde edilir [224].

5.1. Deprem kaynaklarının belirlenmesi ve yorumlanması

Sismik tehlike çözümlemelerindeki ilk adım bir bölgeyi etkileyebilecek potansiyel sismik kaynakların belirlenmesidir. Sismik kaynaklar bir bölgedeki homojen depremselliği gösteren coğrafik kaynaklardır. Bu kaynaklar nokta, çizgi ya da alansal kaynak olabilir. Nokta kaynaklar tekrarlı bir biçimde aynı noktada deprem oluşturan kaynaklardır. Genellikle bu tür kaynaklar nadirdirler. Çizgisel kaynaklar, genellikle doğrusal bir çizgi şeklinde üzerinde deprem dış merkezlerinin bulunduğu fayları gösteren kaynaklardır. Yüksek depremselliğe sahip ancak tam olarak ayrıntıda çizgi ya da nokta olarak tanımlanamayan kaynaklar tipik olarak alansal kaynak olarak modellenmektedir [106].

Bitlis ve civarı faylar ile ilgili bilgiler Bölüm 4'te verilmiştir. Bitlis için sismik tehlike analizi yapılırken iki farklı veri seti kullanılmıştır. Birincisi EZ-FRISK programı veritabanında bulunan Yunanistan, Türkiye, Lübnan Suriye ve İsrail için geçerli olan bölgesel verilerdir. Bu bağlamda KAF, Bitlis Bindirme Kuşağı-Doğu, Bitlis Bindirme Kuşağı-Batı, Van-Kuzey alansal deprem kaynakları dikkate alınmıştır. İkinci olarak, Bitlis ve civarında yer alan Kavakbaşı, Bitlis Kuzey Bindirme, Bitlis Bindirme, Van Doğu, Süphan, Ahlat ve Malazgirt fay grupları alansal kaynaklar şeklinde tanımlanmıştır.

Olasılıksal sismik tehlike analizinin ilk basamağı deprem tehlikesinin tespit edileceği bölge için geçmiş deprem kayıtlarının derlenmesi yoluyla güvenilir bir deprem katalogunun elde edilmesidir. Derlenen deprem katalogunda bulunan kayıtların her biri, incelenen bölgedeki deprem kaynak bölgeleri ile ilişkilendirilerek, kaynak bölgelerinin deprem yaratma kapasiteleri ve sismisite parametreleri hesaplanabilir [228]. Bitlis için geçmiş deprem kayıtlarının derlenmesi Bölüm 2' de yapılmıştır.

Modern sismograflar ve bunların oluşturduğu ağlar günümüzdeki depremlerin gözlenmesi ve yorumlanmasını oldukça kolaylaştırmıştır. Belirli bir alanda herhangi bir kuvvetli hareketin aletsel olarak kaydedilmemiş olması gerçeği, burada geçmişte deprem olmadığı anlamına gelmemelidir ve gelecekte olmayacağı da garanti edilemez. Aletsel sismik kayıtların bulunmadığı yerlerde, deprem aktivitesinin diğer ipuçları ortaya çıkarılmalıdır. Bunlar, jeolojik ve tektonik kanıtlar veya tarihsel (aletsel dönem öncesi) depremsellik olabilir [224]. Bitlis ve civarı faylarda oluşmuş depremler araştırılırken, 01.01.1900 -31.12.2006 tarihleri arasında Kandilli Rasathanesi kayıtlarına göre Bitlis Şehir Merkezine 150 km yarıçapındaki daire içerisinde 70.650 km2 lik alana düşen aletsel depremler Bölüm 2' de dikkate alınmıştır.

5.2. Probabilistik (Olasılıksal) Sismik Tehlike Analizi (PSTA)

Belirli bir zaman boyunca oluşabilecek olası yer hareketlerine değer biçilmesi probabilistik analiz olarak adlandırılır. Sismik açıdan önemli her kaynak üzerinde farklı büyüklükteki depremlerin tekrarlanma frekansı veya olasılığı ve yer hareketlerin azaltılması ile birleştirilen doğal belirsizlikler birleştirilerek analiz yapılmaktadır. Bu analiz yapının veya öngörülen geri dönüş periyodunun servis ömrü boyunca deprem hareketlerinin ön görülen seviyelerinin aşılma olasılığında ve seçilen bölge yer hareketlerini seçmekte kullanılmaktadır [229] .

Depremin büyüklüğü, yeri ve oluş zamanıyla ilgili belirsizliklerin açık bir şekilde göz önüne alındığı probabilistik yöntemle sismik tehlike analizleri elde edilebilmektedir [230] . Probalistik deprem tehlikesi, yıllık tehlike olarak tanımlanan, yıllık aşılma olasılığı veya onun bire bölünmesi ile elde edilen, ortalama yineleme periyodu olarak ifade edilebilir. Kentsel deprem tehlikesi analizlerinin temel sonuçları, spesifik bir kent için ve mevcut jeoloji ve depremsellik bilgilerine dayalı olarak hazırlanan maksimum yer hareketi aşılma olasılığı dağılımları olarak verilir. Deprem tehlikesi bilgileri belirli yer hareketi parametrelerine (maksimum ivme ve şiddet gibi) ve belirli dönüş periyotlarına tekabül eden konturlar olarak sunulur [230].

Sismik tehlike analizlerinin standart metodolojisinde, azalım ilişkileri kullanılır ve elde edilen sonuçlar, bir dizi yer hareketi frekans aralıklarında tehlike spektrumunun oluşturulmasında kullanılır. Sismik tehlike hesapları, toplam olasılık teoreminin bir uygulaması olarak aşağıda verilen denklemle ifade edilebilir [143];

$$H(a) = \sum_i v_i \iint P\,[A > a|m,r] f_{M_i}(m) f_{R_i|M_i}(r,m)\,dr\,dm \qquad (5.1)$$

Bu denklemde, tehlike olarak ifade edilen H(a), “a” dan daha yüksek bir değer olan “A” genliğini üreten depremin yıllık frekansıdır. “A” burada tepe ivme, hız veya deplasmandır.

Toplam (Σ) işareti bütün kaynakları içine aldığını; vi ise I deprem kaynağında Moi büyüklüğünden daha büyük depremlerin yıllık gerçekleşme oranını belirtmektedir. fMi(m) ve fRi|Mi(r;m) , sırasıyla, deprem büyüklüğünün ve mesafenin olasılıksal yoğunluk fonksiyonlarını belirtmektedir. P[A > a|m, r] ise, r uzaklığında m büyüklüğün | de bir depremin, incelenen yerleşim biriminde, “a” dan büyük bir “A” yer hareketi genliğini oluşturma olasılığını ifade etmektedir.

Deprem kaynakları çizgisel (faylar) veya alansal kaynaklar olabilirler. Kaynak geometrilerinin özellikleri ve fRi|Mi ‘nin hesaplanmasında deprem kaynağının çizgisel olması veya alansal olması farklılıklar arz etmektedir.

Çizgisel kaynaklar için P[A > a|m, r], aşağıdaki formülle hesaplanmaktadır:

$$\ln A = C_1 + C_2 M + C_3 \ln R + C_4 R + \varepsilon; \qquad \varepsilon \approx N(0,\sigma_\varepsilon^2) \qquad (5.2)$$

Burada, R mesafe olarak farklı biçimlerde hesaplanabilmektedir, örneğin, fay yırtığına en kısa mesafe, fay yırtığının yatay izdüşümüne en kısa mesafe, vb.

Kaynağın alansal alınması durumunda P[A > a|m, r],

$$\ln A = C_1 + C_2M + C_3 \ln (R + RZEROA) + C_4R + \varepsilon; \qquad \varepsilon \approx N(0, \sigma_\varepsilon^2)$$

(5.3)

bağıntısı ile hesaplanmaktadır. Burada, R odak uzaklığı olup, yatay mesafe ve odak derinliğinden (d) hesaplanmaktadır (Şekil 4.2). Yukarıdaki bağıntılarda, C1, C2, C3, C4, RZEROA ve σε , M ve R den bağımsız sabit katsayılardır.

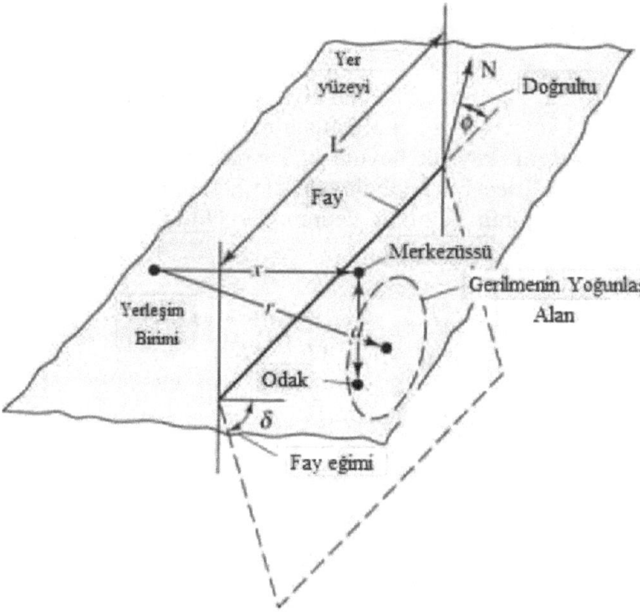

Şekil 4.2: Fay terminolojisi [232]

Yukarıda verilen iki bağıntının herbiri, aşağıda verilen forma dönüştürülebilir:

$$P\left[A > a \,\middle|\, m, r\right] = \Phi^* \left(\frac{\ln a - \ln A(m,r)}{\sigma_\varepsilon}\right)$$

(5.4)

Burada, ϕ normal tamamlayıcı kümülatif dağılım fonksiyonudur ve ln A(m,r) ise ε = 0 için 5.2 ve 5.3' te elde edilen ln A değeridir.

Deprem büyüklüğünün dağılımı genellikle üstel fonksiyon (exponensiyel) formda ifadesi aşağıdaki denklemle yazılabilir:

$$f_{M_i}(m) = k_i \beta_i \exp[\beta_i (m = M_{oi})], \quad M_{oi} \leq m \leq M_{\max i} \qquad (5.5)$$

Burada ki = (1-exp[bi (m - Moi)])-1 normalleştirme sabitidir. Moi önceden tanımlanan eşik büyüklük ve Mmaxi ise deprem kaynağında oluşabilecek en büyük deprem büyüklüğüdür. Üstel fonksiyonla ifade edilen büyüklük dağılımına alternatif olarak Youngs ve Coppersmith [233] tarafından önerilen karakteristik model aşağıdaki denklemle tanımlanmaktadır:

$$= k_i' \exp(-\beta_i((M_{maxi} - {}^{3}/_{2}) - M_{oi})), \quad M_{maxi} - {}^{1}/_{2} \leq m \leq M_{maxi} \qquad (5.6)$$

Burada ki ki' sabiti, 5.5'i 1'e entegre eden normalleştirme katsayısıdır. Karakteristik model sadece çizgisel kaynaklar için kullanılabilmektedir.

Mesafenin dağılımı, kaynak boyutları, kaynak mesafesi ve sahanın göreceli oryantasyonuna göre belirlenebilmektedir. Mesafe hesabında, yırtılmanın boyutu göz önüne alınacaksa, mesafenin dağılımı deprem büyüklüğüne bağlı olacaktır (Şekil 4.3).

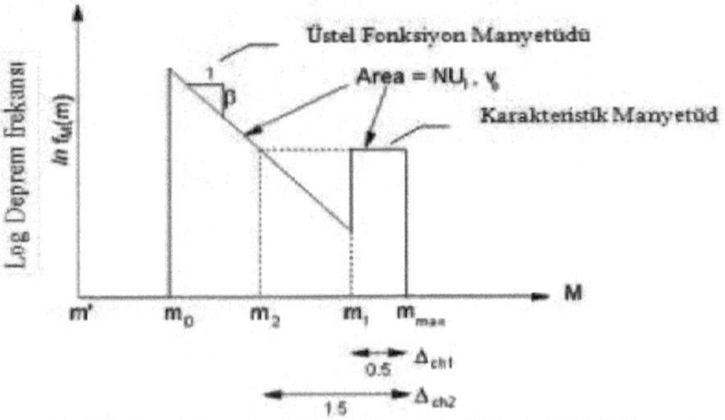

Şekil 4.3 : Karakteristik Manyetüd Modeli [143]

5.3. Azalım ilişkileri

Depreme dayanıklı yapı tasarımında, tasarıma esas deprem hareketinin gerçeğe en yakın şekilde simüle edilmesi konusu giderek önem kazanmaktadır. Tasarım deprem hareketini yer hareketi karakteristikleri cinsinden tanımlandığından, yer hareketi parametrelerini hesaplama yöntemlerine gerek duyulur. Yer hareketi parametrelerini hesaplamada, belirli bir yer hareketi parametresini o parametreyi en kuvvetli şekilde etkileyen büyüklükler cinsinden ifade eden azalım ilişkileri kullanılmaktadır. Azalım ilişkileri, sismik tasarımda kullanılan sismik tehlike analizinde önemli rol oynamaktadır [180,230].

Deprem tehlikesi çalışmalarında kullanılan azalım ilişkileri yer hareketinin kaynak, yayılma hattı ve bölge özelliklerine bağlı bir ölçüsüdür. Deprem tehlikesi çalışmalarında kullanılan azalım ilişkileri, maksimum ivme, şiddet ve spektral ivme gibi yer hareketi parametrelerini deprem kaynak parametreleri, yayılma hattı ve zemin özelliklerine bağlı olarak belirler .

5.4. Bitlis Şehri Sismik Tehlike Analizi

Doğu Anadolu bölgesi için kuvvetli yer hareketi ivme kayıtları oldukça sınırlıdır. Bundan dolayı mevcut bu çalışmada sismik tehlike analizi dünya çapında geçerli olan 5 amprik azalım ilişkisi kullanılarak değerlendirilmiştir. Bu çalışmada kaya zeminler için Abrahamson - Silva (1997) [235], Ambraseys (2005) [236], Boore - Joyner (1997) [237], Campell (2003) [238] ve Idriss (2008) [239] azalım ilişkileri kullanılmıştır (Şekil 4.4).

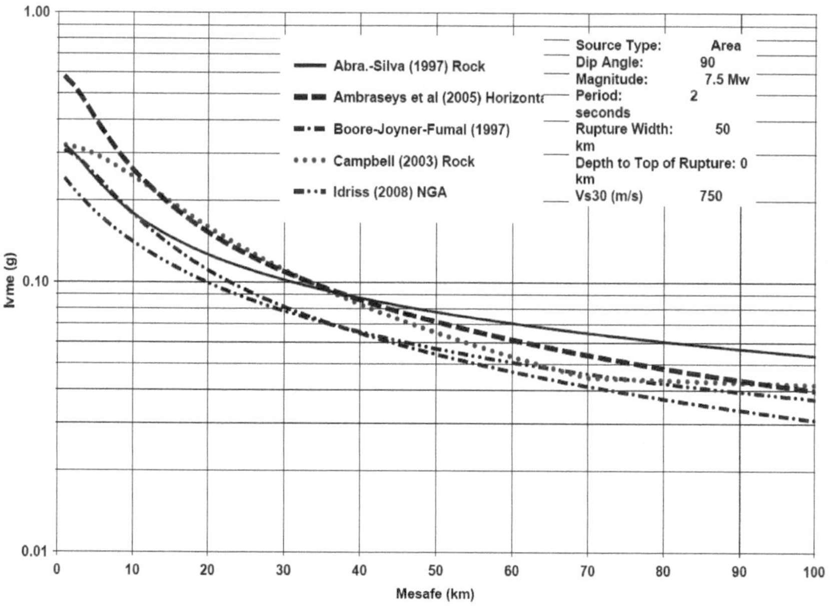

Şekil 4.4. Abrahamson-Silva (1997), Ambraseys vd.. (2005) , Boore - Joyner - Fumal (1997), Campell (2003), Idriss(2008) azalım ilişkileri

Sismik tehlike analizi verileri toparlandıktan sonra EZ-FRISK [143] yazılımı kullanılarak probabilistik sismik tehlike analizine geçilmiştir. Yazılım programı ile dönüş periyotlarının bir fonksiyonu olarak tepe yer ivme değerleri elde edilmiştir (Şekil 4.5). Seçilmiş olan dönüş periyotları için düzgün olasılıklı tepki spektrumları elde edilmiştir (Şekil 4.6 a-b-c).

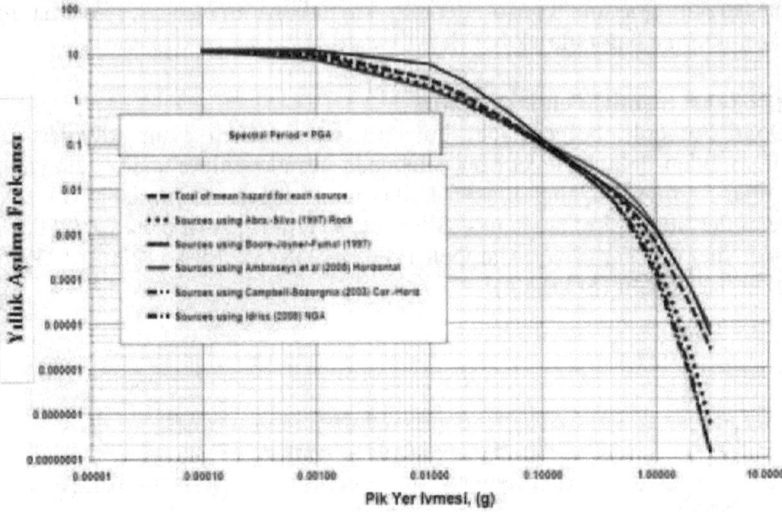

Şekil 4.5. Bitlis için değişik dönüş periyotlarında tepe yer ivme değerleri

Bitlis İli için yapılan probabilistik sismik tehlike analizi sonucu %5 sönüm oranlı dönüş periyotları 72, 474.6 ve 2474.9 yıl olan tepki spektrumları elde edilmiştir (Şekil 4.6.a, b, c) Bulunan sonuçlar DBYBHY–2007 Bölüm 7 de verilmiş olan değerler ile karşılaştırılmıştır.

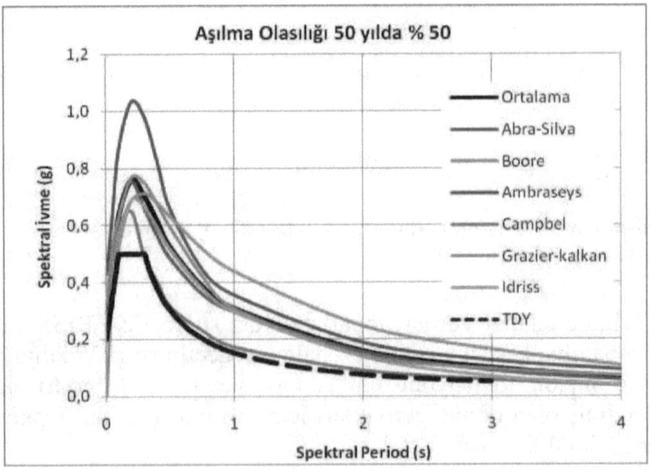

Şekil 4.6.a : Bitlis İli için %5 sönüm oranlı dönüş periyodu 72 yıl olan tepki spektrumlarının karşılaştırılması

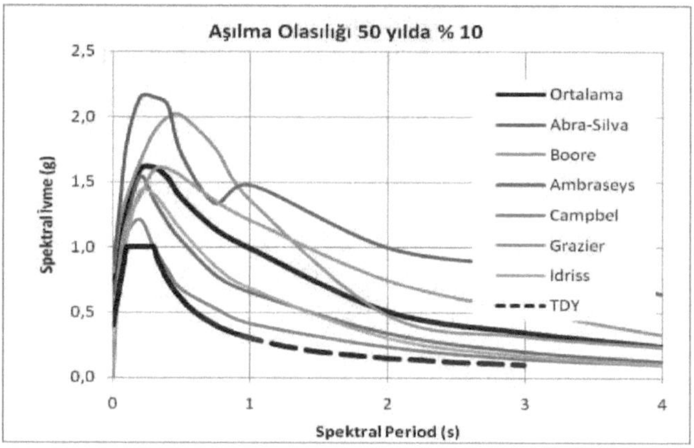

Şekil 4.6.b. Bitlis İli için %5 sönüm oranlı dönüş periyodu 474.6 yıl olan tepki spektrumlarının karşılaştırılması

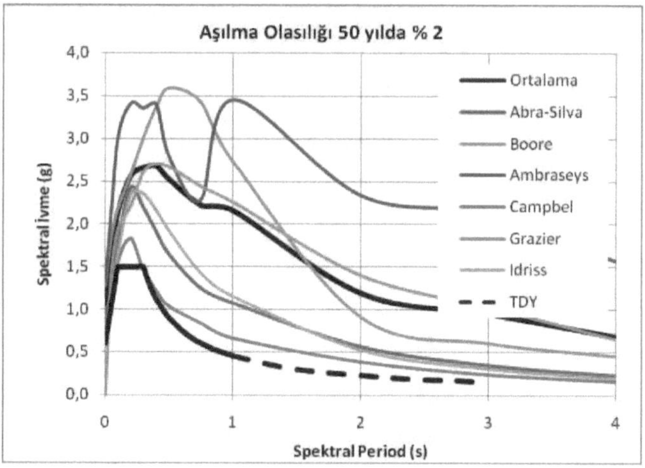

Şekil 4.7.c. Bitlis İli için %5 sönüm oranlı dönüş periyodu 2474.9 yıl olan tepki spektrumlarının karşılaştırılması

Probabilistik sismik tehlike analizi sonucu tipik kaya zeminler için tepe ivme değerleri, %50 aşılma olasılığı ile 50 yıl için 0.76g, %10 aşılma olasılığı ile 50 yıl için 1.61g, %2 aşılma olasılığı ile 50 yıl için 2.68g olarak bulunmuştur. Elde edilen sonuçlar DBYBHY–2007 Bölüm 7' de verilmiş olan değerler ile karşılaştırılmıştır (Şekil 4.7.a.b.c.)

TDY 2007'de bu değerle %50 aşılma olasılığı ile 50 yıl için 0.50g, %10 aşılma olasılığı ile 50 yıl için 1.00g, %2 aşılma olasılığı ile 50 yıl için 1.50g olarak verilmiştir. Bulunan bu sonuçlar Bitlis için mevcut yapıların deprem performanslarını belirlemede tasarım spektrumu olarak kullanılabilecektir. Aynı zamanda sonuçlar

Türk Deprem Yönetmeliğinde verilen spektrum eğrisi ile Bitlis için hesaplanan spektrum eğrisi arasında farklılıklar olduğu sonucunu doğurmuştur [234].

6. Bitlis İli Yapı Stoğunun Değerlendirilmesi

Deprem zararlarını azaltma çalışmalarının ikinci ve en önemli ayağını mevcut yapıların envanterinin çıkarılması ve hasar risk durumlarının belirlenmesi oluşturmaktadır. Mevcut bir yapının deprem hasar riskinin belirlenmesinde etkili olan çok sayıda parametre bulunmaktadır. Bunların bir kısmı; bölgenin depremselliği, yerel zemin özellikleri, yapının geometrisi, kesit ve malzeme özellikleri, taşıyıcı sistemin türü ve yapısal elemanların detaylarıdır. Binaların mevcut durumlarının tespit edilmesine yönelik en kesin yöntem, kesin analiz yöntemleri olmakla beraber, incelenmesi gereken binlerce bina ve bununla beraber bu konularda uzman olan elemanların sayıca yetersizliği gözönüne alındığında, bu tip yöntemler hem zaman hem de maliyet açısından ekonomik olmamaktadır. Bu durumda amaca uygun sayıda, güvenilir parametrelerle ve sayısal bir değerlendirme esasına dayalı hızlı sonuç verebilecek yaklaşık yöntemlerin kullanılması en ekonomik ve gerçekçi çözümdür.
Risk, herhangi bir tehlikenin meydana gelme olasılığı ile bu tehlikenin neden olacağı sonuçların bileşkesidir. Risk düzeyi tehlikenin büyüklüğü ve etkilenen elemanların savunmasızlığıyla orantılıdır [217]. Buradan hareketle belirli bir bölgede meydana gelebilecek bir deprem riski altında, o bölgede bulunan yapıların olumsuz özellikleri oluşabilecek tehlikenin boyutunu arttıracaktır. Yapıların savunmasızlığı arttıkça depremin oluşturacağı hasar miktarı da artacaktır. Depremin büyüklüğü ve yeterli düzeyde güvenliği sağlanmamış ve yönetmeliklerde belirtilen şartlara uygun yapılmayan yani olumsuz yapı özellikleri de oluşabilecek zararı doğrudan etkileyecektir. Dolaysıyla bir bölgenin gelecekte belirli bir deprem riski altında can ve mal kaybının hesaplanması işlemi yapılırken o bölgede bulunan yapı özellikleri de dikkate alınmalıdır. Mevcut yapıların, gelecekte oluşma olasılığı olan deprem etkisi altındaki davranışları incelenirken, olası depremin etkileyeceği bölgeler üzerinde bulunan yapıların dikkate alınması ile daha etkin sonuçlar vereceği aşikardır. Kuvvetli yer hareketlerinin oluşabileceği bölgelerdeki yapıların deprem etkisi altında davranışlarını olumsuz etkileyecek özelliklerin bilinmesi deprem sonucunda oluşabilecek hasar risk seviyelerini azaltma yönünde daha ciddi yaklaşımların ortaya konulmasını sağlayacaktır.

Zemin araştırmalarından sonra, deprem zararlarını azaltma çalışmalarının ikinci ve en önemli ayağını mevcut yapıların envanterinin çıkarılması ve hasar risk durumlarının belirlenmesi oluşturmaktadır. Mevcut bir yapının deprem hasar riskinin belirlenmesinde etkili olan çok sayıda parametre bulunmaktadır. Bunların bir kısmı; bölgenin depremselliği, yerel zemin özellikleri, yapının geometrisi, kesit ve malzeme özellikleri, taşıyıcı sistemin türü ve yapısal elemanların detaylarıdır. Binaların mevcut durumlarının tespit edilmesine yönelik en kesin yöntem, kesin analiz yöntemleri olmakla beraber, incelenmesi gereken binlerce bina ve bununla beraber bu konularda uzman olan elemanların sayıca yetersizliği gözönüne alındığında, bu tip yöntemler hem zaman hem de maliyet açısından ekonomik olmamaktadır. Bu durumda amaca uygun sayıda, güvenilir parametrelerle ve sayısal bir değerlendirme esasına dayalı hızlı sonuç verebilecek yaklaşık yöntemlerin kullanılması en ekonomik ve gerçekçi çözümdür [240].

Türkiye genelinde mevcut binaların çok az bir kısmı yönetmeliklerin şartlarını sağlayabilecek durumdadır ve bu nedenle olmaları gereken emniyete sahip değildirler. Gelecekte can ve mal kaybını minimuma indirmek ve günümüze kadar yapılan yapılarda hasar risk seviyelerini araştırmak ve ortadan kaldırmak için mevcut yapı stoğu üzerinde mümkün olduğunca hızlı ve doğru araştırmaların yapılmasına gerek vardır. Bu tür bir çalışmanın amacı mevcut yapı stoğunun kalibre edilmiş verilerle hızlı ve doğru bir şekilde taranmasının yanı sıra geniş alan deprem master planının hazırlanması ve risk yönetimi için yeni bir yöntem geliştirmektir [241].

Gelecekte meydana gelecek ve yerleşim bölgelerini etkileyecek depremlerde deprem zararlarının azaltılabilmesi için öncelikle mevcut binaların deprem performanslarının belirlenmesi gereklidir. Özellikle yıkılma veya ağır hasar görme riski yüksek olan binaların güçlendirilmesi, eğer güçlendirme işlemi ekonomik olarak verimli değilse de yıkılarak yeniden yapılması depremde en etkili zarar azaltma önlemidir. Binaların deprem performansı yeni bir kavramdır. Deprem performansı, "belirli bir deprem etkisi altında bir binada oluşabilecek hasarların düzeyi ve dağılımına bağlı olarak belirlenen yapı güvenliği durumu" olarak tanımlanabilir. Mevcut bir binanın deprem performansının belirlenebilmesi için öncelikle binanın hali hazırdaki durumunun yeterli ölçüde bilinmesi gereklidir [242].

Deprem afetinin etkisinin tahmini amacıyla yapılan çalışmaların temel iki bileşeni, deprem tehlikesinin tespiti ve yapı sistemlerinin hasar görebilirliğinin belirlenmesidir. Yapı sistemlerinin hasar görebilirliği genel olarak mevcut bina stoğunun ve diğer inşaat yapılarının incelenmesi, sınıflandırılması ve hasar potansiyeli eğrilerinin elde edilmesi ile mümkündür. Buna göre afet senaryolarının hazırlanması aşamasında, yapıların hasar potansiyeli eğrileri çıkarılırken ülkemizdeki yapı stoğuna özgü hususlara dikkat edilmesi gerekmektedir [243].

Bitlis ili için yapı stoğu değerlendirilmesi yapılırken nüfusun ve yapıların yoğun olduğu merkezler seçilmiştir. Ayrıca bu değerlendirme yapılırken Bitlis İlinde bulunan her mahalleden bazı yapılar dikkate alınarak Bitlis için genel yapı özellikleri ortaya konulmaya çalışılmıştır. Yapı stoğu değerlendirilirken kademeli bir biçimde bu işlem yapılmıştır. Kat adetleri ve aşağıda belirtileceği üzere değişik kriterler esas alınarak yapı stok değerlendirilmesi yapılmıştır.

Deprem karşısında tasarım ve yapım kusurları ve çevre etkisi nedenleri yapı taşıyıcı sisteminde zayıflıklar göstermektedir. Ayrıca yapı fonksiyonunun değiştirilmesi ile oluşan olumsuz taşıyıcı etkenler de depremde hasarlara neden olmaktadır. Depreme uygun olmayan tasarım, malzeme, işçilik ve denetim eksikliği hasarların yıkıcı rollerini oluşturmaktadır [244]. Deprem etkisine maruz kalabilecek yapıların yapısal özellikleri olası bir deprem sonucunda can ve mal kaybıyla doğru orantılı olacaktır [230].

Yapıların deprem güvenliğinin belirlenmesinde esas amaç, varolan yapılarda gerekli inceleme ve hesapların olası bir depremden önce yapılarak ve yetersiz görülen yapıların olası bir depremde hedeflenen performans seviyesine yükseltilmesi için uygulanacak iyileştirme işlemlerine karar verilmesidir. Deprem tehlikesi altında olan kentsel yerleşimlerde yeterli deprem güvenliğine sahip olmayan pek çok yapı olduğu bilinmektedir.

Yapı hasarlarının, yapının özelliklerine göre değiştiği çok iyi bilinen bir gerçektir. Ancak, bu özelliklerin ortaya konması, sınıflandırılması sonucunda elde edilen verilerin değerlendirilmesi koşulu ile gerçekleşebilmektedir. Yapıların aşağıda sayılan özellikleri hasarı yakından etkilemekte, bu parametrelere bağlı olarak hasar görebilirlik değişebilmektedir [225].

Türkiye'de daha önce meydana gelen depremlerin ortak özelliklerinden biri, gelişmişlik düzeyine bağlı olarak hasar yoğunluğunun genellikle deprem büyüklükleri ile orantılı olmadığıdır. 1 Mayıs 2003 Bingöl depreminde bu durum bir kez daha ortaya çıkmıştır [245].

Herhangi bölgenin yapı yoğunluğunun özellikleri; can ve mal kaybına yol açacak tehlikeler dikkate alındığında; can ve mal kayıp oranlarını doğrudan etkileyecektir. Bu anlamda insanların konut amaçlı kullandıkları yapılar önem kazanmaktadır. Yerleşim bölgelerinin %60-%70'ini oluşturan konutların yapısal ve hassas özellikleri can ve mal kayıplarının tahmininde önemli bir yer tutmaktadır [246].

Yapısal düzensizlikler binaların sismik performanslarını etkilemektedirler. Kısa kolon ve ağır kapalı çıkmalara sahip yumuşak katlı yapılar can güvenliği performans düzeyi için en kritik durumlardır [247].

6.1. Birinci Kademe Değerlendirme

Birinci kademe değerlendirilmesi yapılırken incelenmiş olan Bitlis İli Merkez İlçesinde değerlendirmeye alınan yapıların yapı parametreleri, yapı parametrelerinin yapı deprem riskine etkisi puanlama yapılarak belirtilmiştir. Yapı stoğu incelenirken birinci kademe değerlendirilmesinde dikkate alınan yapı parametreleri aşağıda belirtilmiştir.

6.1.1. Kat adedi

Temel üzerinde bulunan toplam kat adedi dikkate alınmıştır. Kademeli yapılarda, yapıda bulunan maksimum kat adedinin olduğu kısımlar dikkate alınmıştır. Daha önce yapılmış gözlem ve çalışmalarda betonarme binalarda kat adedi ile yapı hasarı arasında neredeyse doğrusal bir ilişki olduğu ortaya çıkmaktadır. Yapılarda kat adedinin artması ile kütlenin ve kütle etki kolunun artması sonucu deprem kuvvetleri artacaktır. Eğer bu artış dikkate alınmadan yapıda yeter miktarda bir dayanım sağlanmamış ise yapı doğal olarak bir deprem anında hasar görecektir. Maalesef ülkemizde yapılmış yapıların birçoğu deprem tasarımına uygun olmadığından kat adedi artıkça hasar oranı da artmaktadır.

Eğer tüm binalar deprem yönetmeliklerine uygun olarak yapılmış olsaydı böyle bir ilişki ortaya çıkmayacak, tüm binaların hasar düzeyleri kat sayısından bağımsız olarak yaklaşık bir benzerlik içinde olacaktır. Kat adedi Türkiye'de hasar derecesini belirleyen en önemli faktörlerden biridir [248].

6.1.2. Yumuşak kat

Yapıda bulunan herhangi bir katın rijitlik/dayanımının diğer katlara oranla belirgin şekilde az olması yumuşak kat/zayıf kat kavramlarını meydana getirir.

Betonarme binalarda, birbirine dik iki deprem doğrultusunun herhangi birinde, herhangi bir kattaki etkili kesme alanının, bir üst kattaki etkili kesme alanına oranı olarak tanımlanan dayanım düzensizliği katsayısı ηci' nin 0.80'den küçük olması durumu zayıf kat olarak adlandırılmaktadır [249].

$$[\eta ci = (\Sigma Ae)i / (\Sigma Ae)i{+}1 < 0.80] \quad (6.1)$$

Birbirine dik iki deprem doğrultusunun herhangi biri için, herhangi bir i'inci kattaki ortalama göreli kat ötelemesi oranının bir üst veya bir alt kattaki ortalama göreli kat ötelemesi oranına bölünmesi ile tanımlanan rijitlik düzensizliği katsayısı ηki 'nin 2.0' den fazla olması durumu yumuşak kat diye adlandırılır [249] (6.2).

$$[\eta ki = (\Delta i / hi)ort / (\Delta i{+}1 / hi{+}1)ort > 2.0 \text{ veya } \eta ki = (\Delta i / hi)ort / (\Delta i{-}1/hi{-}1)ort > 2.0] \quad (6.2)$$

Katlar arasında taşıyıcı sistem değişikliği veya katlar arası farklı döşeme sistemi kullanılma gibi birçok farklı nedenle yumuşak kat oluşumuna rastlanmıştır. Yumuşak kat düzensizliği, yaşanan depremlerde bina hasarlarının en büyük nedenleri arasındadır. Bu düzensizlik hemen her deprem sonrası inceleme raporlarında yer almakta, üst katlarında camları dahi kırılmamış binaların bazı katlarının tamamen göçtüğü görülmektedir. Yumuşak kat, yapı taşıyıcı sistemlerinin katlar arasında farklı özelliklere sahip olmasından dolayı (kat yüksekliğinin fazla olması gibi) oluşabileceği gibi taşıyıcı sisteme ait olarak düşünülmeyen bölme duvarların miktarının değişmesi nedeniyle de gündeme gelebilmektedir [250].

Binaların giriş katlarında, genellikle mağaza, restoran, banka v.b. gelir getirici amaçlar nedeni ile dolgu bölme duvarları örülmez veya mevcutlar kaldırılmaktadır. Dolayısı ile böyle binalarda giriş katı, yanal ötelenmeler bakımından, üst katlara nazaran, göreceli olarak önemli ölçüde zayıf olur [251].

Yumuşak kat etkisine bağlı olarak çok sayıda yapının kısmen veya tamamen çöktüğü gözlemlenmiştir. Sorun yumuşak kat olarak tanımlanan katın ya da katların yatay rijitliklerinin diğer katlara göre daha az olmasından kaynaklanmaktadır. Deprem etkisine bağlı olarak yapının yapacağı toplam deplasman bütün yapı yüksekliği boyunca bölüşüleceği yerde, ağırlıkla yumuşak kat diye tanımlanan kat üzerinde ortaya çıkmaktadır [252].

Binalarda kullanım amaçlarına göre farklı kat yükseklikleri bulunmakla birlikte, alt katlarda yer genişletmek amacıyla kolonlar kesilmektedir. Bu özellikler binada yumuşak kat davranışı görülmesine sebep olmaktadır. Bu katlar bina davranışını negatif yönde etkilemektedir [253].

Bitlis İlinde yapılmış sokak taramaları sırasında yumuşak katlar gözlemsel olarak belirlenmiş ve yumuşak kat verileri "var (1)" veya "yok (0) " olarak sınıflandırılmıştır.

6.1.3. Ağır çıkmalar

Türkiye'de kentsel yerleşimlerdeki binaların önemli özelliklerinden birisi zemine oturan kat alanının üst katlarda daha geniş alanlara büyütülmesi, üst kat döşemelerinin ankastre olarak dış cephedeki çerçeve akslarının dışına taşınsmasıyla oluşmuştur. Ağır çıkmalar binada kütle ve rijitlik düzensizliğine neden olur. Bunun ötesinde, dış çerçeve akslarında belirgin kiriş süreksizliği meydana gelir. Cephe kirişleri çerçeve aksının dışına çıkarak çıkmaları izler, böylece kolonlara dış merkezli olarak saplanırlar ve gerekli rijitlik aktarımını sağlayamazlar. Geçmiş depremlerde ağır çıkmalı binalar çıkmasız binalara oranla daha fazla hasar görmüşlerdir. Ağır çıkmaların varlığı sokak gözlemlerinde kolaylıkla belirlenebilmektedir [248].

Çok katlı betonarme binalarda, çerçeve sisteminin dışında düzenlenen geniş balkonlar veya çıkmalar düzensizlik oluşturmaktadır. Balkonların ağır betonarme parapetlerle çevrilmesi halinde kütle merkezi yukarı kayar ve deprem etkisini arttırır.

Ülkemizde çok yaygın olarak kullanılan, giriş katın üstündeki ağır çıkmalar hem binada kütle düzensizliğine ve deprem moment kolunun yukarılara taşınmasına neden olmakta, hem de dış cephe kolonları arasındaki kiriş akslarının ötelenmesi yolu ile çerçeve süreksizliği oluşturmaktadır [254,255].

Bitlis İlinde yapılmış sokak taramaları sırasında ağır çıkmalar gözlemsel olarak belirlenmiş ve ağır çıkma verileri "var (1)" veya "yok (0) " olarak sınıflandırılmıştır.

6.1.4. Kısa kolon

Yapıda bir kolonun bulunduğu yere bağlı olarak tasarlandığından daha kısa bir boya sahip olarak davranması durumu kısa kolon kavramıyla tarif edilmektedir.

Kısa kolon tabiri ile boyu bulunduğu kattaki diğer kolonların boylarından daha az olan ve gevrek kayma kırılmasına maruz kalması beklenen kolonlar kastedilmektedir [254,255].

Binalarda, özellikle dış duvarlarda, duvarlar üst döşemeye kadar sürekli olarak yapılmadığı zaman deprem esnasında, kolonların bölme duvar örülmeyen kısımlarında kısa kolon etkileri ortaya çıkmaktadır. Genellikle sanayi türü yapılarda pencereler açmak ve ışıktan yararlanmak için dış duvarlarda boşluklar bırakılmaktadır. Bu duvarların kolon yüksekliği boyunca devam etmemesi durumunda ve bağlı bulunduğu çerçeveden de ayrılmamışlarsa deprem sırasında kolonlarda ağır hasarlar meydana gelebilmektedir. Kısa kolon davranışı olarak bilinen bu etkiler tüm dünyada olduğu gibi genellikle ülkemizdeki tüm depremlerde de görülmektedir. Kısa kolon oluşumuna etki eden pek çok parametreden bahsetmek mümkündür. Örneğin, duvar yüksekliği, çerçevede duvarda bırakılan düşey boşluklar, yetersiz kayma donatısı gibi. Ancak bu davranışın ortaya çıkmasına neden olan temel parametrelerden biri çerçevede duvarda bırakılan düşey boşluklardır. Kısa kolonda oluşan kesme kuvveti, kısa kolon yüksekliği ile ters orantılıdır [249, 256].

Bitlis İlinde yapılmış sokak taramaları sırasında kısa kolon oluşumu gözlemsel olarak belirlenmiş ve kısa kolon verileri "var (1)" veya "yok (0) " olarak sınıflandırılmıştır.

6.1.5. Çarpışma etkisi

Bitişik nizam yapılar için geçerli olacak bir parametredir. Yapıya komşu olan parseldeki binaların yükseklikleri, konumu, deprem yükleri altındaki davranışı, yani binaların bitişik nizamda bulunması binalarda çekiçleme etkisine sebep olmaktadır. Geçmiş depremlerde sıkça gözlenen hasarlar arasındadır [257]. Eğer bitişik durumdaki yapıların kat adetleri ve bunun yanı sıra döşeme seviyeleri de farklı ise, tek doğrultulu elastoplastik davranışlı çarpışma etkisi ortaya çıkmaktadır. Sadece döşeme seviyesinin farklı olması da çarpışma etkisi yaratmaya yeterli olabilir. Çarpışan binaların üst katları daha fazla hasar görür. Ayrıca çarpışma etkisi ara kat çökmelerine de neden olabilmektedir [258]. Burada amaç bitişik binaların deprem davranışları üzerinde etkileşimin katkısını sayısal olarak tahmin etmek ve doğrudan kontrol etmektir [259].

Yapılan çalışmalarda, özellikle bitişik bina dizisinin en sonundaki binanın çok riskli olduğu saptanmıştır. Ayrıca, enerjinin korunması prensibi nedeniyle, geçmiş depremlerden de görüleceği üzere birbirine bitişik olan, ama gerek yükseklikleri gerekse ağırlıkları sebebi ile farklı periyotlara sahip olan binaların da yüksek risk taşıdıkları saptanmıştır [254,255].

Bitlis ilinde yapılmış sokak taramaları sırasında çarpışma etkisinin varlığı gözlemsel olarak belirlenmiş ve çarpışma etkisinin verileri "var (1)" veya "yok (0) " olarak sınıflandırılmıştır.

6.1.6. Tepe-yamaç etkisi

Binanın belirgin olarak bir tepe üstünde olması veya yüksek eğimli (30o'den fazla) bir yamaçta bulunması, maruz kalacağı veya kaldığı deprem etkilerini bir miktar arttıracaktır. Sokaktan kolayca gözlemlenebilen bu durum yapı risk hesabında dikkate alınmalıdır [258]. Bitlis ilinde yapılmış sokak taramaları sırasında tepe-yamaç etkisinin varlığı gözlemsel olarak belirlenmiş ve tepe- yamaç etkisinin verileri "var (1)" veya "yok (0) " olarak sınıflandırılmıştır.

6.1.7. Görünen yapı kalitesi

Herhangi bir yapının yapımındaki işçilik ve malzeme kalitesi ile bakımına gösterilen özen, o yapının mevcut kalitesini ortaya koyar. İyi eğitilmiş bir gözlemci incelediği binanın görünen kalitesini kabaca iyi, orta ve kötü olarak sınıflayabilir. Türkiye'deki geçmiş depremlerde görünen yapı kalitesi ile deprem hasarları arasında yakın bir ilişki olduğu gözlemlenmiştir. Kalitesi kötü olarak sınıflanan bir binanın malzeme işçilik kalitesinin de kötü olması beklenir [248].

Yapıda kalite kavramını geniş bir yelpazede ele almak mümkündür. Yapı hata ve hasarlarını önlemek, ürün kalitesini elde edebilmek ve elde edilen kaliteyi iyileştirebilmek, sürdürebilmek için gereklidir. Bu nedenle, sorunların kaynağına ulaşabilmek önem kazanmaktadır. Yapı hata ve hasarlarını saptamaya ve gidermeye yönelik iki temel yöntem vardır. Birincisi; yapı eleman ve bileşenleri üzerinde gözlem yolu ile elde edilen bulgular, diğeri ise; performans ölçütlerini göz önüne alan performans yaklaşımıdır.

Bitlis ilinde yapılmış sokak taramaları sırasında incelenmiş olan yapıların görünen yapı kalitesi gözlemsel olarak belirlenmiş ve görünen yapı kalitesi verileri "iyi (0)", "orta (1)" ve "kötü (2)" olarak sınıflandırılmıştır.

Yukarıda açıklanmış olan parametrelerin yanı sıra yapıların deprem sırasında maruz kaldıkları yer sarsıntısının şiddeti en fazla yapının faya uzaklığı ve üzerinde bulunduğu yerel zemin özelliklerine bağlıdır. Deprem tehlikesinin mikro bölge ölçeğinde haritalanması bu iki değişkeni de içerecek şekilde yapılmalıdır. Sismik tehlike ve yer tepki analizleri yapılabilen EZ- FRISK 7.43 [12] adlı bilgisayar programı kullanılarak Bitlis için maksimum yer hızı (PGV) değeri hesaplanmıştır (Şekil 6.1). 50 yıl içerisinde %10 aşılma olasılığı ile depremin yıllık aşılma oranı 0,002107 olarak hesaplanmış ve bu değere denk gelen yer hızı Bitlis için PGV> 60 olarak hesaplanmış olup yapılar değerlendirilirken hız bölgesi I dikkate alınarak yapıların öncelikli deprem puanları hesap edilmiştir.

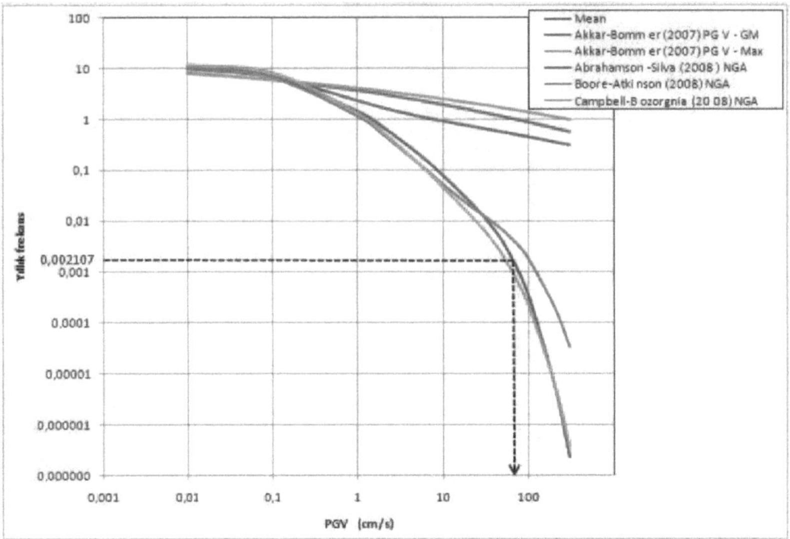

Şekil 6.1. Bitlis için aşılma olasılığı 50 yılda %10 olan deprem için maksimum yer hızının (PGV) hesaplanması [260].

Bitlis; kentsel yerleşimi oluşturan oniki mahalle ve yakın çevresindeki köyleri kapsamaktadır. Kentsel yerleşimi oluşturan oniki mahalle ve sınırları şekilde gösterilmiştir (Şekil 6.2)

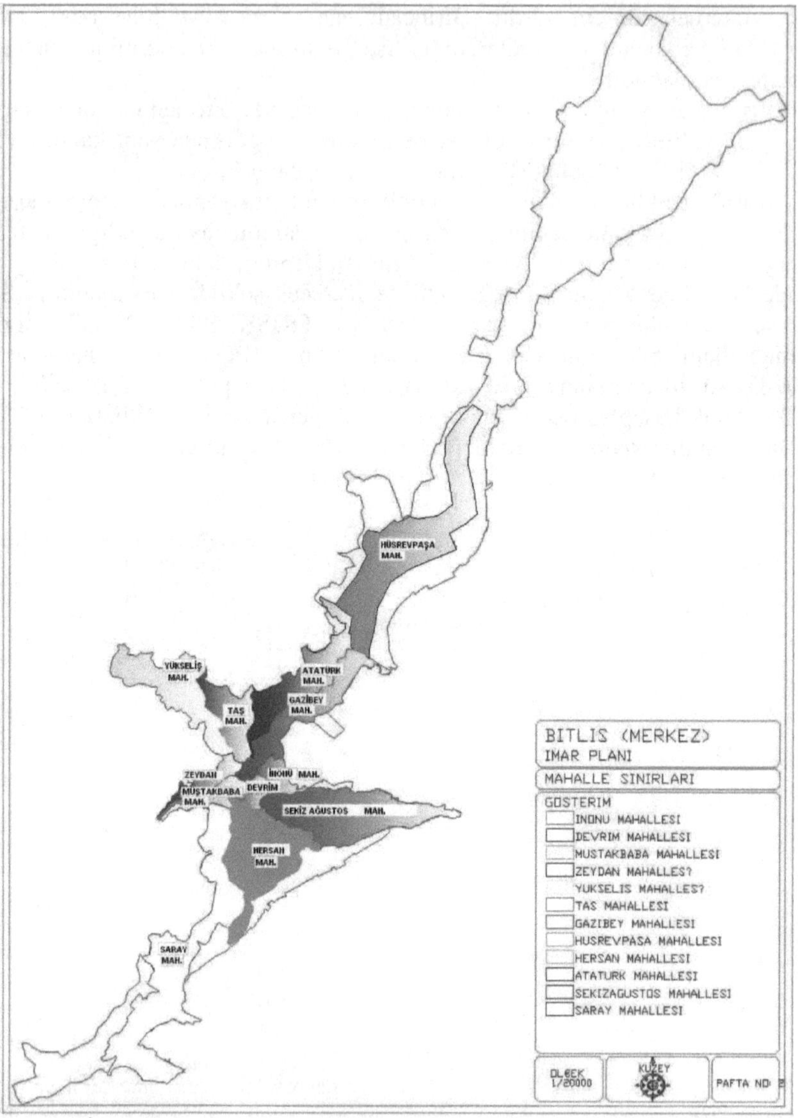

Şekil 6.2: Bitlis İlinin kentsel yerleşim alanlarını oluşturan mahalleler

I. kademe değerlendirme yapılırken Bitlis İli'nin tüm mahallelerinden örnekler alınarak değerlendirme yapılmıştır. Bu bağlamda incelen binaların kat adetlerine göre dağılımı aşağıda belirtilmiştir (Şekil 6.3).

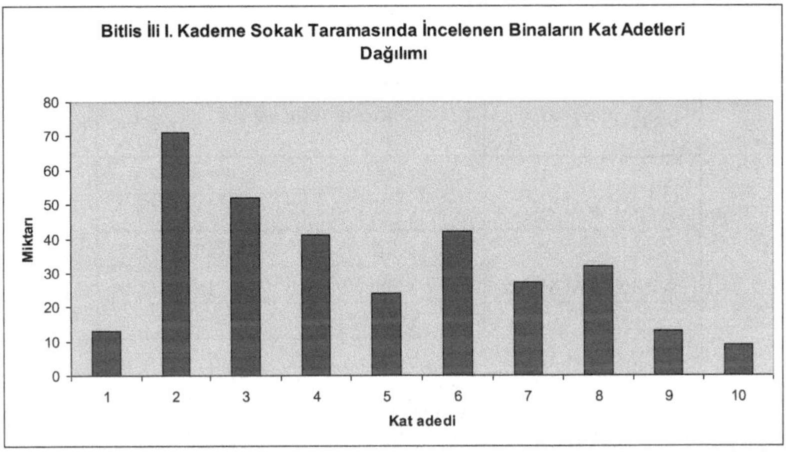

Şekil 6.3. I. kademe sokak taramasında incelenen binaların kat adetlerine göre dağılımı

I. kademe değerlendirme yapılırken hangi mahalleden ne kadar bir yapı stoğunun örnek olarak alındığı aşağıdaki şekilde verilmiştir (Şekil 6.4).

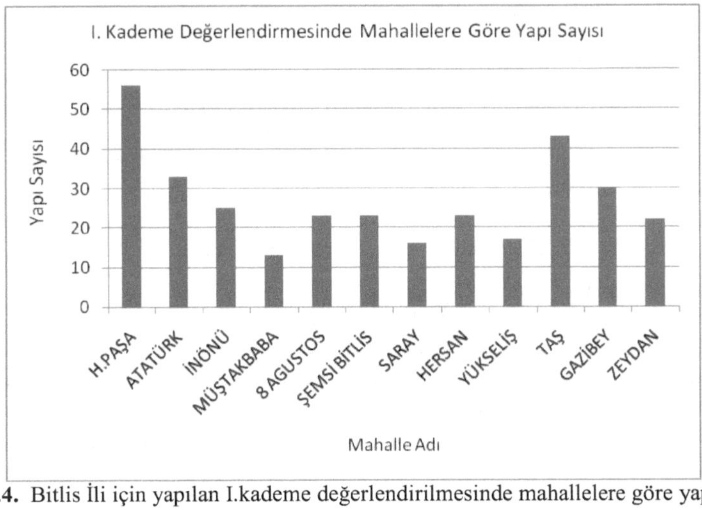

Şekil 6.4. Bitlis İli için yapılan I.kademe değerlendirilmesinde mahallelere göre yapı sayısı

I. Kademe Sokak taramasında dikkate alınan olumsuzlukların Bitlis ili için incelenen yapıların ne kadarlık bir kısmında hangi miktarda gözlemlendiği aşağıda gösterilmiştir (Tablo 6.1)

Tablo 6.1. Bitlis İli için sokak taraması sonucu gözlemlenen olumsuzluk parametrelerinin dağılımı

PARAMETRE		MİKTARI
YAPI TÜRÜ	BETONARME	
KISA KOLON	VAR	136
	YOK	188
AĞIR ÇIKMALAR	VAR	172
	YOK	152
YUMUŞAK KAT	VAR	109
	YOK	215
ÇARPIŞMA ETKİSİ	VAR	179
	YOK	145
YAMAÇ ETKİSİ	VAR	149
	YOK	175
GÖRÜNEN YAPI KALİTESİ	İYİ	94
	ORTA	148
	KÖTÜ	82

I.kademe değerlendirmeye esas olan yapıların deprem puanları hesaplanırken aşağıda tabloda verilen ve Bitlis ilinin de içinde bulunduğu hız bölgesi I' e göre önce binanın kat adetine göre daha sonra her olumsuzluk parameteresi için puan azaltılmaktadır (Tablo 6.2).

Tablo 6.2. Betonarme binaların deprem puanlaması

Kat Adedi	Hız Bölgesi I	Yumuşak Kat	Ağır Çıkma	Görünen Kalite	Kısa Kolon	Çarpışma Etkisi	Tepe/ Yamaç etkisi
1-- 2	100	0	0	-10	-5	0	0
3	90	-10	-5	-10	-5	-2	0
4	75	-15	-10	-10	-5	-3	-2
5	65	-20	-10	-10	-5	-3	-2
7	65	-20	-10	-10	-5	-3	-2

Sokak taraması sonucu incelenen herhangi bir yapının deprem puanı aşağıdaki formülle hesaplanmıştır.

Bina Deprem Puanı=(hız bölgesi puanı)-$\sum_{1}^{5}$ (olumsuzluk parametresi) * (olumsuzluk puanı) (6.3)

Yapılan hesaplamalar sonucu I.kademe değerlendirmede dikkate alınan yapıların deprem puanları aşağıda verilmiştir (Tablo 6.3).

Tablo 6.3. I.kademe değerlendirmede incelenen binaların deprem puanları

MAHALLE ADI	Deprem puanı 0 – 65 olan yapı sayısı	Deprem puanı 66 – 80 olan yapı sayısı	Deprem puanı 81 – 100 olan yapı sayısı	Toplam yapı sayısı
H.PAŞA	45	8	3	56
ATATÜRK	23	5	5	33
İNÖNÜ	17	3	5	25
MÜŞTAKBABA	6	2	5	13
8 AGUSTOS	6	5	12	23
ŞEMSİ BİTLİS	13	8	2	23
SARAY	6	3	7	16
HERSAN	17	3	3	23
YÜKSELİŞ	10	2	5	17
TAŞ	34	5	4	43
GAZİBEY	15	10	5	30
ZEYDAN	11	5	6	22
TOPLAM	203	59	62	324

Buna göre binaların deprem önceliğinin belirlenmesinde aşağıda verilen deprem puanı sınır değerleri kullanılmıştır (Tablo 6.4)

Tablo 6.4. Binalarda öncelik deprem puanlaması

Bina Önceliği	Deprem Puanı
1. öncelik	0 – 65
2. öncelik	66 – 80
3. öncelik	80 - 100

I. kademe değerlendirmesine göre incelenen binaların %63'ü birinci öncelikli ; %18'i ikinci öncelikli ve %19'u üçüncü öncelikli olarak incelenmelidir. Birinci öncelikli bina sayısının bu kadar çok olması yapıların çok azının mühendislik hizmeti aldığını ve yapılan projelere uygun yapılaşma oranının az olduğunu göstermektedir.

Bitlis ilinin yapı stoğu incelendiğinde hane başına düşen insan sayısı açısından Türkiye'nin yüksek yoğunluklu ilk on ili arasında yer almaktadır [208]. Bu da oluşabilecek bir depremden dolayı yapılardaki kayıpların doğrudan meydana gelebilecek can kayıplarını arttırması anlamına gelmektedir. Bu da Bitlis yapı stoğunu incelemeye değer kılmaktadır. Bundan sonra Bitlis İlinde yapılaşma sırasında yönetmelikelere titizlikle uyulması gerektiği sonucunu doğurmaktadır.

Bitlis şehir merkezine çevre köylerden göç almaktadır. Bu göçle birlikte ilde nüfus hızla artmakta, bu göçün etkisiyle coğrafik bakımından dar bir alana sahip olan yerleşim birimlerinde daralmalara sebebiyet vermekle birlikte çarpık kentleşme ve yeşil alanların küçülmesini beraberinde getirmektedir.

Bitlis kentinde sit alanları Kültür Bakanlığı, Diyarbakır Kültür ve Tabiat Varlıklarını Koruma Kurulunun 1.12.1989 tarih ve 317 sayılı kararı ile tescil edilmiştir. Kent merkezinin kuzeyinde Taş, batısında Zeydan ve Müştakbaba, doğusunda İnönü mahalleleri kısmen veya tamamen 1. Derece kentsel sit alanı. Bitlis kalesi 1. Derece arkeolojik sit alanı. Bitlis Kalesinin kuzeybatısındaki Kömüs Vadisi ile kentin güneyinde Hersan Mahallesinin yer aldığı Hersan Çayı Vadisi doğal oluşum ve bitki örtüsü özellikleri nedeniyle III. Derece doğal sit alanı olarak tescil edilmiştir.

7. Sonuç

Bitlis ilinin içinde bulunduğu Van Gölü Havzasının bir sıkışma bölgesinde bulunması, daha önce volkanik olayların oluşması ve Van Gölü'nün volkanik hareketlerden etkilenerek oluştuğu düşünüldüğünde Bitlis ve ilçeleri depremsellik açısından oldukça önem kazanmaktadır.

Tarihsel depremler, bir bölgenin gelecekte karşı karşıya kalabileceği bir deprem riskinin hesaplanmasında kullanılabilecek en önemli verilerdir. Bu bağlamda Bitlis ve civarında oluşmuş tarihsel dönem depremleri olası bir depremin habercisi olarak yorumlanabilmektedir. Suskun bir dönemden geçmekte olan fakat aktif tektoniğini mikro depremlerle devam ettiren Bitlis ve civarı gelecekte oluşabilecek büyük ve şiddetli depremlerin etkisi altındadır. Tarihsel depremler incelendiğinde Bitlis ve civarının sürekli aktif bir tektonik yapıya sahip olduğunu ortaya koymaktadır. Aletsel dönemdeki depremlerin azlığı veya büyüklüklerinin az olması Bitlis ve civarının suskunluğu anlamı taşımaktadır. Ancak bu durum bölgenin deprem tehlikesinin olmayacağı anlamı taşımamalıdır.

Yöre taşıdığı olumsuz jeolojik ve topografik faktörler nedeniyle depreme duyarlı değildir. Bugüne kadar izlenen yapılaşmada depremsellik öğesi büyük ölçüde ihmal edilmiştir. Ancak tektonik olarak son derece hareketli kuşaklar içerisinde kalan sahada yapılaşma esnasında depremsellik faktörü göz önünde bulundurulmalı ve ilgili şartnamelere hassasiyetle uyulmalıdır.

Bu çalışmada yerleşim biriminin olasılığa dayalı (probabilistik) sismik tehlike analizinin yapılması, gelecek depremlerin konumu, oluş zamanı, büyüklüğü ve diğer özellikler, olasılık hesaplarına dayalı olarak tahmin edilmesi; tasarım spektrumlarının veya benzeştirilmiş kuvvetli yer hareketlerinin elde edilmesi, bir önceki aşamada öngörülen deprem parametreleri ile uyumlu "anakaya" yer hareketinin belirlenmesi ve bunun, seçilen çalışma alanında yer alan zemin profiline uygulanarak zemin yüzeyinde tasarım yer hareketinin elde edilmesinde kullanılması; deplasmana dayalı hesap yöntemleri ile yapısal çözümlemelerin yapılması, seçilen çalışma alanında bulunan yapı stoğu incelenerek, bilgi düzeyleri ve yapı elemanlarının doğrusal elastik olmayan (nonlineer) özelliklerinin belirlenmesi; nonlineer statik hesap yöntemleri kullanılarak yapı sistemlerinin performans düzeylerinin belirlenmesi; Yapıların performans düzeylerine bağlı olarak kayıp tahmini yapılması ele alınmıştır.

Bitlis ve özellikle yakın çevresinin depremselliği ve buralarda geçmişte meydana gelen depremlerden dolayı Bitlis incelenmeye değer bir konumdadır. Bu çalışma ile Bitlis ilinin sismik tehlike ve risk analizi yapılmıştır. Bitlis ve çevresindeki bölgelerde bulunan fayların yerleri ve özellikleri ile bu faylarda meydana gelen aktivitelerin tarihsel gelişimi araştırılarak sismik tehlike analizi yapılmıştır. Bitlis şehir merkezinde seçilen çalışma alanına, ait zemin özellikleri dikkate alınarak yer – tepki analizleri yapılmış olup tepki spektrumlarının DBYBHY 2007'de verilen spektrumlarla karşılaştırılması yapılmıştır.

Mevcut çalışma ile Bitlis ili mevcut yapı stoğunun tamamı için olmasa da belirli bir yapı stoğu için değerlendirmeler yapılarak Bitlis için yapılacak deprem master planının hazırlanması ve risk yönetimi için çok ciddi katkıları olacaktır. Bitlis yapı stoğunun deprem tehlikesine karşı envanterinin incelenmesi ve değerlendirilmesi için önemli bir rol oynayacaktır.

Bitlis şehir merkezinde seçilen belirli yapılar kademeli değerlendirme aşamalarına tabi tutulmuştur. Bitlis için yapı stoğu incelenirken üç kademeli bir değerlendirme yapılmıştır. Değerlendirme yapılırken Bitlis kentsel yerleşim alanlarını oluşturan her mahalleden yapı örnekleri alınarak hesaplamalar yapılmıştır. I. kademe değerlendirmesinde incelenen toplam 324 adet binanın %63'ü birinci öncelikli; %18'i ikinci öncelikli ve %19'u üçüncü öncelikli olarak incelenecek yapı grubunda çıkmıştır (Şekil 7.1).

Şekil 7.1: I.kademe değerlendirme sonuçları

Kısıtlı imkanlar ile yapılan ve belirli bir yapı stoğunu kapsayan bu çalışma genişletilerek Bitlis kentsel yerleşim alanlarının tamamında gerekli incelemeler yapılmalıdır. Yapı stoğunun deprem tehlikesine karşı envanterinin incelenmesi ve değerlendirilmesi için belirlenecek stratejiye bu çalışma öncülük yapacaktır. Bu çalışmada incelenen yapılar dahil olmak üzere tüm yapılar konu ile ilgili uzmanlardan oluşmuş bir komisyon vasıtası ile değerlendirilip öncelikle yüksek riskli yapıların belirlenmesi gerekmektedir. İlk olarak emniyet, iletişim, itfaiye, hastane ve kamu binaları gibi deprem sonrası kullanım önceliği olan yapıların deprem dayanımlarının bir an önce tespit edilip gerekli görülen durumlarda takviye edilmeleri gerekmektedir. Ayrıca yapılacak geniş kapsamlı bu çalışma ile yapıların ruhsatlarının, projelerinin olup olmadığı ruhsatlarına ve dolayısıyla projelerine uygun olarak yapılıp yapılmadığı tespit edilecektir. Mevcut deprem riskinin azaltılması yönünde tedbirler alınırken yapı envanteri çalışmasından sonra güvenli olmayan ve güçlendirilmesi ekonomik olmayan yapılar yıktırılmalıdır. Güçlendirilerek kurtarılabilecek yapılar gerekli mühendislik çalışması yapılarak hazırlanan projelerle güçlendirilmelidir.

Bitlis'te meydana gelebilecek deprem zararlarını azaltmak için; yeni yapılacak yapıların mevcut deprem riskini arttırmasını önlemek ve denetiminde gerekli hassasiyet gösterilmesi gerekmektedir. Bunun uygulanması için yeni yapılaşmaların olacağı bölgelerde deprem etkilerini göz önüne alacak şekilde düzenlenmiş kent planlaması ve arazi kullanım düzenlemelerinin yapılması önem arz etmektedir.

Deprem zararlarının azaltılmasında esas unsurları deprem öncesi alınacak tedbirler oluşturmaktadır. Halkın deprem tehlikesi ve alınması gerekli tedbirler hususunda bilinçlendirilmesi bu tedbirlerden en önemlisidir.

Bitlis Belediyesi bünyesinde deprem riskinin araştırılması ve azaltılması hususunda koordinasyon görevi yapacak bir birimin oluşturulması hem mevcut yapıların incelenmesi konusunda hem de yeni yapılacak yapıların denetimini sağlayarak deprem zararlarının azaltılması konusunda tedbirlerden biri olacaktır. Ayrıca bu birim aracılığı ile halkın deprem konusunda bilinçlendirilmesi sağlanabilecektir.

Bitlis gibi tarihsel ve kültürel yapıya sahip olan bir ilde bulunan tarihsel yapıların da incelenmesi bu çalışmada yer almamıştır. Yapılacak sonraki çalışmalarda tarihsel yapıların değerlendirmeye alınması Bitlis İli'nin hem tarihi hem de kültürel yapısının korunması açısından önemli olacaktır.

Afet yönetimi, afet öncesinde beklenen afet türünün belirlenmesi ve afete göre önlem alınması, afet anında acil kriz masalarının oluşturulması ve afet sonrasında acil durum müdahalelerinin yapılması ile uzun vadede iyileştirme politikalarının uygulanmasından oluşmaktadır. Bu nedenle, afet yönetiminin oluşturulması ile afete karşı önceden hazırlık yapılabilecek ve zararlar azaltılabilecektir.

Ülkemizde afet yönetimi "Yara Sarma" politikası olarak algılanmaktadır. Bir afet olayından hemen sonra uygulanan kurtarma ve ilkyardım, afetten etkilenen ailelere acil yardımlar ile birlikte yapılan maddi yardımlar ile sınırlı kalmaktadır. Afet yönetiminin etkinliği, yapılan bu çalışmaların başarısı veya başarısızlığı ile değerlendirilmektedir. Afet yönetiminin başlıca görevi can ve mal kaybını azaltmak ve ulusu doğal, teknolojik ve insan faktörlü afetlerden korumaktır. Bunu yaparken hazırlıklı olma, koruma, müdahale, iyileştirme ve zarar azaltma gibi öğeleri içeren riske dayalı, kapsamlı bir afet ve acil durum yönetim sisteminde halka öncülük etmeli ve destek verilmelidir.

Doğal afetlerinin olmayışı veya çok uzun zamandan beri tekrarlanmaması gelecekte de bunun bu şekilde devam edeceği anlamına gelmemektedir. Dolaysıyla doğal afetlerinin her an olabileceği ve engellenmesinin de zor olacağı düşünüldüğünde doğal afetler meydana gelmeden alınacak tedbirlerinin önemini ortaya koymaktadır. Doğal afet bilincinin artması ile toplumun büyük bir kesiminin "bi'şey olmaz" düşüncesinden kurtulup daha rasyonel düşünmeye başlaması sonucunu doğuracaktır. Bunun sonucu olarak da doğal afetlerin meydana getireceği zararlar en alt seviyelere indirgenecektir.

Kayıpları azaltmak ve/veya en aza indirmek için doğal afet tehlikesi olan bölgeleri tespit etmek yeterli olmamaktadır. Bu alanlarla ilgili yapılması mümkün ise önlemler hayata geçirilmeli ve daha da önemlisi doğal afetlere karşı bilinçlendirilme amaçlı eğitim çalışmaları yürütülmelidir.

Çarpık kentleşme, taşkın alanlarının gelişigüzel bina türü yapılarla işgal edilmesi, il ve ilçeler çevresindeki ormansız alanlarda toprak ve bitki örtüsünün gelişememiş olması gibi nedenler, taşkın alanlarının oluşumunda önemli rol oynamaktadır.

Bitlis ili ve ilçelerinde yağmur rejiminin genelde kısa süreli ve şiddetli olması suların toplanma süresini kısalmaktadır. Bu yüzden, il ve ilçe çevresine orman dikilmeli, dere ıslah çalışmalarına devam edilmeli, yatağı bozulan dereler tekrar doğal haline getirilmeli, dere yataklarına yeteri kadar bent ve gölet (su tutucular) yapılmalıdır.

Yapılaşma esnasında özellikle doğal afetlerin her birinin ayrı ayrı incelenmesi hatta bazı durumlarda doğal afetlerin aynı anda meydana gelebileceği gerçeği de dikkate alınmalıdır.

Özellikle yeni yerleşim merkezlerinin kurulması ve buna bağlı olarak mevcut yerleşim merkezlerinin de tekrar gözden geçirilmesi hem maddi kayıplar hem de can kayıpları açısından geleceğe daha umutla bakmamızı sağlayacaktır.

Doğal afetler sonucunda yaşanan can kayıplarının yanı sıra çok sayıda hayvanın telef olması, binaların yıkılması, ormanların yok olması, elektrik ve haberleşme hatlarının tahribi, yolların kapanması, köprülerin yıkılması, derelerin tıkanıp taşkın tehlikesinin oluşması gibi önemli oranda milli gelir kaybına neden olan sonuçlar doğmaktadır.

Doğal afetler sonrasında kullanılması zorunlu olan mevcut yapılar için detaylı yapısal analizler gerçekleştirilip ekonomik olması durumunda derhal gerekli güçlendirmeler yapılmalı veya güvenli sonuç vermeyen yapılar bir an önce yıktırılmalıdır. Bu çalışmalar daha sonra diğer mevcut yapılar için yapılmalıdır.

Bitlis il ve ilçelerinde meydana gelebilecek doğal afetlerden dolayı oluşabilecek can ve mal kayıplarını minimum seviyede tutmak için ne tür bir risk altında olduğunun bilinmesi ve yapılacak çalışmalara yön verilmesi açısından Bitlis ilinin afet profili önem kazanmaktadır.

Bütün bunlar göstermektedir ki, doğal afetler konusunda problemler hemen çözülebilecek kadar kolay değildir. Belli bir plan ve yüklü miktarlarda ekonomik güç gereklidir. Ancak, sorunları çözebilmek için de uzun vadeli projeler hazırlayıp bir an önce kararlılıkla uygulamak kaçınılmazdır.

Bitlis ili ve ilçelerinde doğal afet veri tabanlarının oluşturulması ile afet boyutlarının ortaya konulması, karşılaştırılması ve afet konusunda zarar azaltma çalışması yapan kişi ve/veya kurumların geçmişe ait verileri de değerlendirerek daha doğru ve uygulanabilir projeler üretmesi, yeni yerleşim alanları ve/veya mevcut alanlarda yapacağı çalışmalarda gerekli önlemleri almasını sağlayacaktır.

Bilgilendirme

Bu kitap yazarın 2010 tarihli "*Bitlis Şehri Deprem Performans Analizi*" başlıklı Doktora Tezinden üretilmiştir. Bu vesileyle Sakarya Üniversitesi Fen Bilimleri Enstitüsüne ve değerli tez danışmanım Yrd.Doç.Dr. Mustafa KUTANİS'e teşekkür ederim.

Kaynaklar

1. Kadıoğlu, M., 2011, Afet Yönetimi Beklenilmeyeni Beklemek, En Kötüsünü Yönetmek, T.C. Marmara Belediyeler Birliği Yayını, Yayın no : 65, 219s.
2. Özmen, B., 2003, İmar Planına Esas Jeolojik-Jeoteknik İncelemek için Depremselliğin Değerlendirilmesiyle İlgili Öneriler, 56. Türkiye Jeoloji Kurultayı, 14-20 Nisan 2003, Ankara 14s.
3. Bitlis Valiliği, www.bitlis.gov.tr, 22.09.2007
4. Serdar, M.T., 2000, Rüyalar Şehri Bitlis, Bitlis Valiliği Yayınları, No.7, 234 s.,
5. İnternet adresi : http://www.turkiyerehberi.gen.tr/sehirler/bitlis-haritasi
6. MTA, http://www.mta.gov.tr/mta_web/fizikiharita.asp
7. Borcherd, R.D., Influence Of Local Geology In the San Fransisco Bay Region California on Ground Motions Generated 1990, by the Loma Prieta earthquake of October 17, 1989, Proceedings of International Symposium on Safety of Urban Life and Facilities., Tokyo, Japan, Novamber 1-2, pp 1-35
8. Jeo Masif 2003, , Bitlis İli Merkez İlçesi Değişik Parselleri İçin Jeoteknik Raporları, Jeo-Masif Enjeksiyon Ankraj İnş. ve Taah. Ltd.Şti.
9. Rapor, 2006, Bitlis Rahva 2. Bölge 272 Adet Konut Adaiçi ve Genel Altyapı ile Çevre Düzenlemesi İnşaatı Alanının Zemin ve Temel etüdü Raporu, T.C. Başbakanlık Toplu Konut İdaresi Başkanlığı,
10. Özkaymak, Ç., Sağlam, A., Köse O., 2003, Van Gölü Doğusu Aktif tektonik Özellikleri, ATAG-7 Aktif Tektonik Araştırma Grubu 7. Toplantısı Bildiri Özleri, Yüzüncü Yıl Üniversitesi Jeoloji Mühendisliği Bölümü, s.22-23
11. Köse, O., 2004, Van Gölü Yakın Çevresinin Coğrafyası, Van Gölü Havzası Jeotraversleri Çalıştay Kitapçığı. DAJEO-2004. 1-6 s. YYÜ. Van.
12. Boray, A., 1975, Bitlis Dolayının Yapısı ve Metamorfizması, TJK Bülteni, 18 s. 81-84
13. Ketin, İ., Relations Between General Tectonic Features and the Main Earthquake Regions of Turkey Bulletein of Mineral and Reearch Expl. Inst. Turkey, no. 71, pp. 63-67, 1968, Ankara.
14. Oyan, V., Tolluoğlu, A.Ü, Bitlis Masifi'nde Alt Metamorfitleri Kesen K-Feldispatça Zengin Aplit Dayklarının Ekonomik Önemi 60. Türkiye Jeoloji Kurultayı Bildiri Özleri Kitabı. 16-22 Nisan, 63-67, Ankara.
15. Litt, T., Krastel, S., Sturm, M., Kipfer, R., Örçen, S., Heumann, G., Franz, S.O., Ülgen U.B., Niessen F.,2009, Paleovan, Internatıonal Continental Scientific Drilling Program (ICDP): Site Survey Results and Perspectives, Quaternary Science Reviews ,28 (2009), 1555–1567
16. Genç, S., 1985, Bitlis Masifi, Lice-Kulp (Diyarbakır) ve Çökekyazı- Gökay (Hizan-Bitlis) Yöreleri Gnays ve Amfibolitlerinin Köken Sorununun İrdelenmsi , Karadeniz Teknik Üniversitesi, Jeoloji Mühendisliği Dergisi. s.31-38.
17. MTA, 2004, Türkiye'nin Jeoloji Haritası, Ölçek 1/500000)
18. Çolakoğlu, A.R. , Günay, K. 2007, Hasbey (Van Gölü Güneyi) Yöresindeki Cevherli Dolomitlerin Jeolojik ve Jeokimyasal Özellikleri, Ç.Ü. Jeoloji Mühendisliği Bölümü, 30.Yıl Jeoloji Sempozyumu.

19.Erdoğan, B., Dora, O.Ö., 1983, Bitlis Masifi Apatitfi Demir Yataklarının Jeolojisi ve Oluşumu,Türkiye Jeoloji Kurumu Bülteni, C. 26,133 -144,
20.Çolakoğlu, A.R., 2006, Hasbey (Bitlis Masifi-Van) Pb-Zn Cevherleşmesinin Mineral Parajenezi ve Deformasyon Dokuları, 9. Türkiye Jeoloji Kurultayı, Ankara, s. 131-132.
21.Oyan, V., Tolluoğlu, A.Ü, 2005, Bitlis Masifi'nde (Yolcular Metamorfiti) Na-feldispat bakımından zengin lökogranitik kayaçlar: Feldispat kaynağı olarak bir potansiyel, Yerbilimleri, 26 (3), 1-11 Hacettepe Üniversitesi Yerbilimleri Uygulama ve Araştırma Merkezi Dergisi
22.Altınlı, İ.E., 1980, Doğu ve Güneydoğu Anadolu'nun Jeolojisi, MTA Dergisi, 66, s.37-78
23.Bousqet, R., , Oberhanslı R., Candan. O,, 2008, Geophysical Research Abstracts, Vol.10, EGU2008-A-11605 ; SRef-ID: 1607-7962/gra/EGU2008-A-11605; EGU General Assembly 2008
24.Garzanti, E., Vezzoli, G., Ando, S., Guarnone, W., Mastrovito, M., The Arabia/Anatolia Collision as Reflected by Detrital Modes of Miocene Flysch and Modern Sand (North Cyprus, Turkey, Syria) , EUG XI Symposium LS03 WE po13:PO Integrated Tectonic Studies of the Evolution of the Tethyan Orogenic Belt in the Eastern Mediterranean Region, p.316
25.Şaroğlu, F., 1986, Doğu Anadolu'nun Neoktektonik Dönemde Jeolojik Yapısal Evrimi, MTA Jeoloji Etütleri Dairesi, Rapor 244.
26.Ustaömer, P.A., Ustaömer, T., Collins, A.s., Robertson, A.H.F., 2007, Geochronology and Tectonic Setting of the Granitoidic Instrusions In The Bitlis Massif, SE Turkey Geophysical Research Abstracts, Vol 9, 06131, Sref-ID: 1607-7962/gra/EGU2007-A-06131
27.Ustaömer, P.A., Ustaömer, T., Collins, A.s., Robertson, A.H.F., 2008, Cadomian (Ediacaran Cambrian) arc magmatism In The Bitlis Massif , SE Turkey: Magmatism Along the Devoloping Northern Magrin Of Gondwana Tectonophysics, Vol. 124242, 2008, 14p., Doi : 10.1016/j.tecto.2008.06.010
28.Erentöz, C., 1956, General Review of the Turkey Geology Mineral Research and Exploration Institute of Turkey, v.48, p.40-58
29.Genç, S., 1984, Relations between the meiamorphism and deformation in the southern margin of the Bitlis Massif (Lice-Kulp district, Diyarbakır Province , SE Turkey), Geological Bulletein of Turkey, v. 19, p.11-14,
30.Okay, A.I, , Arman, M.B., Göncüoğlu, M.C., 1985, Petrology and phase relations of the kyanite-eclogites from eastern TurkeyContributions to Mineralogy and Petrology, Springer-Verlag 1985- 91 : 196-204
31.Göncüoğlu, M.C., Turhan, N., 1984, Geology of Bitlis Metamorphic Belt In: Tekeli, O., and Göncüoglu, M.C. (Editors), Int.Symp.on the Geology of the Taurus Belt, Proceedings, 237-244
32.Oberhanslı, R., Rimele, G., Candan, O., Okay, A., 2005, Relics of Hıgh-Pressure Metamorpism in the Bitlis Massif (Van Region , E Turkey) , Mitt.Österr. Miner. Ges. 150

33.Baklaya, M., Çolakoğlu A.R., 2007, Altınsaç (Gevaş-Van) Demir Cevherleşmesinin Jeolojik ve Jeokimyasal Özellikleri 60. Türkiye Jeoloji Kurultayı, Ankara, s. 182-184.
34.Tolluoğlu, A.Ü,Sümer, E.Ö., 1995, An evolutionary model on Early Paleozoic of Anatolian microcontinent, northern margin of Gondwana landGeological Bulletin of Turkey, V. 38, No. 2,s.1-22.
35.Rapor, Güzeldere Barajı ve Hidroelektrik Santrali Proje Tanıtım Raporu EN-ÇEV Ltd.Şti, Mayıs 2007
36.Şengün, M., 1993, Bitlis Masifinin Metamorfizması veörtü Çekirdek İlişkisi Maden Tetkik Arama Dergisi, s.115, s.1-13
37.Şengün, M., A., 2006, Critical Review of the Anatolian Geolgy: a Dialectic to Sutures and Evolution of the Anatolian Tethys adn Netthys Mineral Res. Exp., Bull., v.133, p.1-29
38.Göncüoğlu M.C., Dirik K., Kozlu H.,1997, Pre-Alpine and Alpine Terranes in Turkey :Explanatory Notes to the Terrane Map of Turkey, Igcp Project No: 276 Final Volume: Terrane Maps and Terrane Descriptions. Annales. Géol. Pays Helléniques, 37, P.515-536.
39.Pearce J.A., Bender J.F., De Long S.E.,Kıdd W.S.F., Low P.J., Guner Y., Saroglu F., Yılmaz Y., Moorbath S. ,Mıtchell J.G.,1990, Genesis of Collision Volcanism in Eastern Anatolia, Turkey, Journal Of Volcanology And Geothermal Research, Volume 44, Issues 1-2, P. 189-229
40.Hall, R., Mason, R., 1972, A Tectonic Melange From the Eastern Taurus Mountains, Turkey. J. Geol. Soc. London, 128, 395-397.Doi : 10.1144/Gsjgs.128.4.0395
41.Hall, R., 1980, Unmixing a Melange: the Petrology and History of a Disrupted and Metamorphosed Ophiolite, Se Turkey. J. Geol. Soc. London, 137, 195-206. Doi: 10-1144/Gsjgs.137.2.0195
42.Bingöl E., 1974, Discussions on The Metamorphic Map of Turkey in a Scale of 1 /2.500.000 and Geotectonic Evolution of Some Metamorphic Belts, Mineral Research and Exploration Institute of Turkey, P129-138
43.Göncüoğlu M.C., 1998, Characteristics and Alpine Deformation of Late Palezoic Granitoids and Related Rocks From the Bitlis Metamorphic Belt, Se , Turkeyıcgp Poject No 276, Newsletter No 6, P.112-121
44.Taymaz T., Yılmaz Y., Dilek Y., 2007, The Geodynmaics of the Aegan and Anatolia :Introduction , Geological Society London, Special Publications, V.291, P1-16 , Doi : 10.1144/Sp291.1
45.Helvacı, C., 1984, Genesis of the Apatite-Rich Iron Ore Deposits, Avnik (Bingöl) Region, Bitlis Massif, Turkey, Geological Bulletein Of Turkey, V. 19, P.33-51.
46.Yeşilova,. Ç., Yakupoğlu, T., Yeşiolova, P., G., Aygün, Ö., 2006, Van Gölü KB-GD Kesimlerinin Senozoyik Stratigrafisi, 30.Yıl Fikret Kurtman Jeoloji Sempozyumu, Selçuk Üniversitesi, Jeoloji Müh. Bölümü, Konya
47.Paıcheler, J.-O., 1978, Volcanic Paleoenvironmmt and Examples of Sedimentary İncidences at Tertiary Beşkonak Lake (Northern Anatolia - Turkey)Bulletin of We Geological Society Of Turkey, V. 219 P.11-25.

48.Şengör, A.M.C.,Özeren, M.S., Keskin M., Sakınç M., Özbakır A.D., Kayan İ., 2008, Eastern Turkish High Plateu As a Small Turkıc-Type Orogen :Implications for Post-Collisional Crust-Forming Processes In Turkıc Type Orogens, Earth Science Rewievs, Vol.90, pp.1-48
49.Akay E., Erkan E., Ünay E., 1989, Muş Tersiyer Havzasının Stratigrafisi, Mta Dergisi, 109, s.59-76.
50.Sancay, H.,R., Batı,Z., Işık, U., Kırıcı,S., Akça,N., 2006, Palynomorph, Foraminifera, and Calcareous Nannoplankton Biostratigraphy of Oligo-Miocene Sediments in the Muş Basin, Eastern Anatolia, Turkey, Turkish Journal Of Earth Sciences (Turkish J. Earth Sci.), Vol. 15, pp. 259-319.
51.Demirtaşlı, E., Pısonı, C., 1965, The Geology of Ahlat-Adilcevaz Area (North of Van Lake), Mineral Research and Explorition Institute of Turkey Bultein, V. 64, 22-35.
52.Sözeri, T.E., 2007, Muş Civarı (Doğu Anadolu Bölgesi) Burdigaliyen Kireçtaşlarının Fasiyes ve Rezervuar Özelliklerinin İncelenmesi , Ankara Üniversitesi, Fen Bilimleri Enstitüsü, Jeoloji Mühendisliği Ana Bilim Dalı, Yüksek Lisans Tezi.
53.Yılmaz, A., Terlemez, İ., Uysal, Ş., 1988, Hınıs (Erzurum Güneydoğusu) Dolaylarının Bazı Startigarfik ve Tektonik Özellikleri, Mta Dergisi, 108, s.38-56.
54. Şengüler, İ., Toprak, S., 1991, Petrographic Properties of the Lignites of Varto, Hınıs, Bulanık, Malazgirt Regions,Geological Bulletin of Turkey, v. 34.
55.Yeşilova, Ç., Yakupoğlu, T., 2007, Adilcevaz Kireçtaşının (Van Gölü Kuzeyi) Mikrofasiyes Özellikleri Türkiye Jeoloji Bülteni ,Cilt 50/1, s.27-38.
56.Yeşilova, Ç., Yakupoğlu, T., Atabey, E., Üner, S., Örçen, S., 2004, Adilcevaz Kireçtaşının (Van Gölü Kuzeyi) Litofasiyes Özellikleri, 57. 'Türkiye Jeoloji Kurultayı, Mta Kültür Sitesi,, Ankara, s.300-301.
57.Büyükutku, A.,G., 2003, The Reservoir Potential of Miocene Carbonate Rocks in the Askale and Hınıs-Mus-Van Sub-Basins East Anatolia,Turkey Journal of Petroleum Geology, Vol.26 (2), pp. 175-188.
58.Akay, E., 1989, Doğu Toroslar'da Çarpışma Sonrası Kratonik Havzaların Evrimi, Mta Dergisi, 109, s.77-88.
59.Şaroğlu, F., Yılmaz Y., 1987, Doğu Anadolu'da Neotektonik Dönemdeki Jeolojik Evrim Ve Havza Modelleri, Mta Dergisi, 107,5 S.73-94.
60.Şengör, A.M.C, Özeren, S., Genç T., Zor, E., 2003, East Anatolian High Plateau as a Mantle Supported, North-South Shortened Domal Structure, Geophys. Res. Lett., 30(24).
61.Şengör, A.M.C., Özeren, S., Zor, E., Genç, T., 2003 Doğu Anadolu Litosfer Mekaniğine Yeni Bir Yaklaşım, Kuvaterner Çalıştayı IV, 2003, İTÜ Avrasya Yer Bilimleri Enstitüsü, s.101-110.
62.Özpeker, L, 1973, Nemrut Yanardağının Volkanolojik İncelenmesi: Tübitak 4.Bilim Kongresi, Yerbilimleri Seksiyonu Tebliğler Kitabı, s.1-17.
63.Ercan, T., Fujitani, T.,Matsuda, J.I.,Notsu, K., Tokel, S.,Ui, T., 1990, Doğu Ve Güneydoğu Anadolu Neojen Kuvarterner Volkanitlerine İlişkin Yeni Jeokimyasal, Radyometrik ve İzotopik Verilerin Yorumu, Mta Dergisi 110, 143-164.

64.Ceran, M.F., 2006, Mutki (Bitlis) Yöresinin Jeolojisi ve Cevher İmkanları, Selçuk Üniversitesi, Fen Bilimleri Enstitüsü, Jeoloji Mühendisliği Ana Bilim Dalı, Yüksek Lisans Tezi, 89s.
65. Taban, A., 2000, Kentlerin Jeolojisi Ve Deprem Durumu, TMMOB Jeoloji Mühendisleri Odası Yayınları , No:56, 500s,
66.Biçek, A.C., 2006, Sekiz Ağustos Tüneli Mühendislik Jeolojisi İncelemesi, Yüzüncü Yıl Üniversitesi, Fen Bilimleri Enstitüsü, Jeoloji Mühendisliği Ana Bilim Dalı, Yüksek Lisans Tezi, 115s.
67.Altınlı, İ.E., Geology of Eastern And Souteastern Anatolia Part II Mineral Research and Exploration Institute of Turkey, v.67, p.1-22.
68.Karabıyıkoğlu, M., Örçen, S., Tolluoğlu, Ü., 2007, Van Gölü Çevresindeki Geç Kuvaterner Gölsel Taraça Çökellerinin Fasiyesleri Çökelme Ortamları ve Çökelme İstiflerinin Paleo Van Gölü Düzeyi Oynamaları Bakımından Önemleri, Türkiye Kuvaterner Sempozyumu, Turqua-V, İTÜ Avrasya Yer Bilimleri Enstitüsü, s.273-274.
69.Gökçeoğlu, C., Ercanoğlu, M., 2001, Heyelan Duraylılık Haritalarının Hazırlanmasında Kullanılan Parametrelere İlişkin Belirsizlikler, Hacetepe Üniversitesi, Yer Bilimleri Uygulama ve Araştırma Merkezi Bülteni, 23(2001), s.189-206.
70.Afet İşleri Genel Müdürlüğü, 1998, Türkiye'nin Doğal Afet Haritaları.
71.Gürer, İ., Yavaş,Ö.,M., 1994, Anadolu'da Çığ Sorunu, Sivil Savunma Dergisi, Yıl:36 , Sayı:135, s.15-29.
72.Gürer, İ., 2002, Türkiye'de Yerleşim Yerlerine Yönelik Kar ve Çığ Problemleri, Türkiye Mühendislik Haberleri, Sayı. 420-421-422, s.147-154.
73.Yavaş., Ö.M., Şahin, D., 2007, Türkiye'de Çığ Zararlarını Azaltma Çalışmaları, TMMOB Afet Sempozyumu, Ankara, s. 395-404.
74.Işık, E.,Özlük, M.H., (2012), Natural Disasters Analysis of Bitlis Province and Suggestions, 3rd International Science Technology And Engineering Conference (ISTE-C 2012), Dubai, Unites Arab Emirates.
75.Turkish Standard (1997), Design Loads for Buildings (TS 498), Institute of Turkish Standard (TSE), Ankara, Turkey
76.Avcı, E., 2008, Doğu Anadolu Bölgesinde Karla Mücadele Karakter ve Stratejilerinin Trafik Güvenliği ve Çevresel Etkileri Açısından Analizi, Kar Hidrolojisi Konferansı, Erzurum, s.194-210.
77.Ergünay, O., 2007, Türkiye'nin Afet Profili, TMMOB Afet Sempozyumu, Ankara, s. 1-15.
78.Uşkay, S., Aksu, S., 2002, Ülkemizde Taşkınlar, Nedenleri, Zararları ve Alınması Gereken Önlemler, Türkiye Mühendislik Haberleri, Sayı:420-421-422, s.133.
79.T.C. İçişleri Bakanlığı, Japonya İşbirliği Ajansı (JİCA), 2004, Türkiye'de Doğal Afetler Konulu Ülke Strateji Raporu, 164s.
80.Rapor, Bitlis –Ahlat İlçesinin Tarihi, Kültürel ve Turistik Değerlerinin Araştırılarak Ekonomik ve Sosyal Yönden Kalkınması için Alınması Gereken Önlemlerin Belirlenmesine İlişkin 10/24 Esas Nolu Meclis Araştırma Komisyonun Raporu, Türkiye Büyük Millet Meclisi, S.Sayısı 838, 87s.

81. Yıldız, M.,Z., Deniz, O., 2005, Kapalı Havza Göllerinde Seviye Değişimlerinin Kıyı Yerleşmelerine Etkileri:Vangölü Örneği, Fırat Üniversitesi Sosyal Bilimler Dergisi, Cilt: 15 , Sayı: 1 , s. 15-31.
82. Akdeniz, A., 2003, Güneydoğu Anadolu Bölgesinin Depremselliği, Kabuk ve Üst Manto Yapısı ve Deprem Riskinin Belirlenmesi, Ankara Üniversitesi, Fen Bilimleri Enstitüsü, Jeofizik Mühendisliği Ana Bilim Dalı, Yüksek Lisans Tezi.
83. Yıldırım, C., Kürçer A., 2007, 26 Ağustos 2007 Karlıova Bingöl Depreminin Değerlendirilmesi, http://www.mta.gov.tr/deprem/26_agustos_karliova_depremi.pdf,
84. Lei, J., Zhao D., 2007, Teleseismic Evidence for aBreak-Off Subducting Slab Under Eastern Turkey, Earth and Planetary Science Letters, Vol.257, Pp.14-28, Doi: 10.106/J.Epsl.2007.02.011.
85. Karaman, E. M., 1999, 17 Ağustos 1909 Gölotik-Arifiye Depremi ve Yer Bilimleri, Yer Bilimleri Haber Bülteni, s. 14-26.
86. Tapan, M., Özvan A., Şengül M.A., 2005, 2 Temmuz 2004 Doğubeyazıt Depremi Yer-Yapı İlişkisi ve Yaşanan Kayıplar, 5. Ulusal Deprem Sempozyumu, s.1074-1080.
87. Yılmaz, M., Kalkan E., Yarbaşı N., Aksoy G., 2005, Doğu Anadolu Bölgesi'nde 2002-2004 Yıllarında Meydana Gelen Depremlere Ait Artçı Depremlerin İstatistiksel Çözümlenmesi, 5. Ulusal Deprem Sempozyumu, , s.1447-1449.
88. Boğaziçi Üniversitesi, Kandilli Rasathanesi Ve Deprem Araştırma Enstitüsü, Sismoloji Servisi, 2003, 1 Mayıs 2003 Bingöl Depremi Ön Raporu.
89. Özmen, B., Nurlu M., Güler H., 1997, Coğrafi Bilgi Sistemi İle Deprem Bölgelerinin İncelenmesi, Bayındırlık Ve İskan Bakanlığı, Afet İşleri Genel Müdürlüğü, Ankara, 65s.
90. Utkucu, M., Pınar A., Alptekin, Ö., 2003, Uzak Alan P Dalga Şekillerinin Sonlu-Fay Çözümünden 22 Mayıs 1971 Bingöl Depremi Kırılma Sürecinin İncelenmesi, Hacettepe Üniversitesi, Yer Bilimleri Uygulama ve Araştırma Merkezi Bülteni, Yer Bilimleri, 28 (2003), s.65-79.
91. Nalbant, S.,S., Mccloskey, J., Steacy,S., Barka, A.A., 2002, Stress Accumulation and Increased Seismic Risk in Eastern Turkey, Earth and Planetary Science Letters 195, p.291-298.
92. Türkelli, N., Zor, E.,Gok R., Bekler T:, Eken, T.,Gurbuz, C T.,Sandvol, E., Seber, D.,Al-Lazki A., Barazangi, M., 2002, Seismogenic Zones in Eastern Turkey: Results From the Eastren Turkey Seismic Experiment, American Geophsical Union Fall Meeting 2002,Abstract S61d-07.
93. Kalafat, D., Kekovalı K.,Güneş Y., Küsmezer A., Garip P., Berberoğlu P., Bekler F., 2005, 25 January 2005 Hakkari Earthquake Report, http://www.emsc-csem.org/doc/hakkari-earthquake.pdf
94. Kaynak, U., 2007, Dış Merkez Dağılımına Dayalı Türkiye Sismotektoniği, Jeofizik Bülteni, Sayı.54, S.335-342.
95. Emre, Ö., Herece, E., Doğan, A., Parlak,O., Özaksoy, V., Çıplak, R., Özalp, S., 2003, Bingöl-Karlıova-Erzincan Üçgeni İçersinde Meydana Gelen 27 Ocak 2003 Pülümür ve 1 Mayıs 2003 Bingöl Depremlerinin Değerlendirilmesi, İTÜ Avrasya Yer Bilimleri Enstitüsü, Kuvarterner Çalıştayı IV.

96.Maden, N., Gelişli, K., Eyüboğlu, Y., Bektaş, O. 2008, Two-and-Three-Dimensional Crustal Thickness of the Eastern Pontides (NE Turkey). Turkish Journal of Earth Sciences [Turkish J. Earth Sci.], [in Press].
97.Ataman, G., Buket, E., Z.,Çapan, U., 1975, The North Anatolia Fault Zone: A New Interpretation as a Paleo-Benioff Zone , Bulletein of the Mineral Research and Exploration Instıtute of Turkey, V. 84, P.97-102.
98.Şengör, A.M.C., Tüysüz, O., İmren, C., Sakınç, M., Eyidoğan, H., Görür, N., Pichon, X.L., Rangın, C., 2005, The North Anatolian Fault: A New Look, Annu. Rev. Earth Planet. Sci., p.33:37–112, Doi: 10.1146/Annurev. Earth.32.101802.120415.
99.Ketin, İ., 1972, Kuzey Anadolu Fayı Hakkında Mta Dergisi 72-1, s.1-29.
100. Sançar, T., 2008, Geometry and Segmentation of the North Anatolian Fault Zone Between Yedisu and Kaliova Triple Junction; A New Seismic Gap in Eastern Turkey, Geophysical Research Abstarcts, Vol.10, Egu 2008-A-00445, Sref-Id: 1607-7962/Gra7egu2008-A-00445.
101. Aksoy, E., İnceöz, M., Koçyiğit, A., 2007, Lake Hazar Basin: A Negative Flower Structure on the East Anatolian Fault System (EAFS), SE Turkey, Turkish Journal of Earth Sciences , Vol. 16, , Pp. 319-338.
102. Demirtaş, R., 1998, Türkiye'deki Sismik Boşluklar ve 27 Haziran 1998 Ceyhan (Adana) Depremi (Ms=6.3) Depremsellik, s.24-28.
103. Haktanır, T., Elcüman, H., 2007, Bingöl İli ve Çevresinde Kaydedilmiş Yıllık Ekstrem Depremlerin İstatistiksel Frekans Analizi ve Yörenin Depremselliği, 6. Altıncı Ulusal Deprem Mühendisliği Konferansı, s. 359-369.
104. Çıplak, R., Akyüz, S., 2005, Erkenek-Gölbaşı (Adıyaman) Arasında Doğu Anadolu Fayının Özelikleri,Türkiye Kuvarterner Sempozyumu V, İTÜ, Avrasya Yer Bilimleri Enstitüsü, s. 41-47.
105. Barka, A.A., 1983, Büyük Magnitüdlü Depremlerin Episantr Alanlarını Önceden Belirleyebilecek Bazı Jeolojik Veriler, Türkiye Jeoloji Kurumu Bülteni, c. 26.
106. Gülkan, P., Koçyiğit, A., Yücemen, M.S., Doyuran, V., Başöz, N., 1993, En Son Verilere Göre Hazırlanan Türkiye Deprem Bölgeleri Haritası, Bayındırlık ve İskan Bakanlığı,Afet İşleri Genel Müdürlüğüne 92-03-03-18 No.Lu Proje Sonuç Raporu, Rapor No. 93-01 Deprem Mühendisliği Araştırma Merkezi.
107. Aydın, U., 2006, Erzurum Merkezli Doğu Anadolu Bölgesi'nde Yakın Alan Depremleri için Sismik Dalga sönüm Oranları Hesaplaması, Çukurova Üniversitesi, Fen Bilimleri Enstitüsü Jeoloji Mühendisliği Ana Bilim Dalı, Yüksek Lisans Tezi, 68s.
108. Maden, N., Gelişli, K., Bektaş, O. Eyüboğlu, Y., 2005, Anadolu'da Kabuk Yapısı ve Tektonik Yapı ile İlişkisi, II. Mühendislik Bilimleri Genç Araştırmacılar Kongresi MBGAK, s.492-496.
109. Tirifinov, V. G., 1995, World Map of Active Faults (Preliminary Result of Studies). Quaternary International, v. 25, pp. 3-12.
110. Soysal, H., Sipahioğlu, S., Kolçak, D., Altınok., 1981, Türkiye ve Çevresinin Tarihsel Deprem Katoloğu, Tübitak Proje No:Tbag-341.

111. İnternet Adresi http://angora.deprem.gov.tr/matnetrapor.htm,
112. Ergin, K., Güçlü, U., Uz, Z., 1967, Türkiye ve Civarının Deprem Kataloğu, İTÜ, Maden Fakültesi Yayını No: 24, 136s.
113. Al-Damegh, K., Sandvol, E.; Al-Lazki, A.,Barangi, M., 2004, Regional Seismic Wave Propagation (Lg and Sn) and Pn Attenuation in the Arabian Plate and Surrounding Regions. Geophysical Journal International, Vol. 157, P. 775-95. Isbn: 0956-540x.
114. Homke, S., 2007, Timing of Shortening and Uplift of the Pusht-E Kuh Arc in the Zagros Fold- and Thrust Belt (Iran); A Combined Magnetostratigraphy and Apatite Thermochronolgy Analysis, Universitat De Barcelona, Facultad De Geologia,Departamento De Geodinámica Y Geofísica, 213p.
115. Bonnın, J., Cara, M., Cısternas, A., 1996, Seismic Hazard İn Mediterranean Regions, Procedings Of The Summer School Organized İn Strasbourg, France, July15-August 1, Isbn:9027727791-9789027727794, 399p.
116. Piper, J., Tatar, O., Gürsoy, H., Mesci, L., Koçbulut, F.,Huang, B., 2008, Post-Collisional Deformation Of The Anatolides And Motion Of The Arabian İndenter : A Paleomagnetic Analysis Iop Publishıng, Donald D Harrington Symposium On The Geology Of The Aegean, Iop Conf. Series: Earth And Environmental Science **2** 012011 Doi:10.1088/1755-1307/2/1/012011.
117. Stern, R.J., Johnson, P.R., 2008, Do Variations in Arabian Plate Lithospheric Structure Control Deformation in the Arabian-Eurasian Convergence Zone?, Donald D Harrington Symposium on the Geology of the Aegean Iop Publishing, Iop Conf. Series: Earth And Environmental Science 2**,** 012005 Doi: 10.1088/1755 1307/2/1/012005, 7pp.
118. Lyberıs, N., Yurur, T., Chrowıcz, J., Kasapoğlu, E., Gundogdu., N., 1992, The East Anatolian Fault : An Oblique Collisional Belt, Tectonophysics 204, p.1-15.
119. Özmen, B., Türkiye Deprem Bölgeleri Haritası Nedir ve Nasıl Hazırlanır? Sivil Savunma Müdürlüğü Sunumu, 6.s.
120. Mcclusky, S., Reilinger, R., Mahmoud S., Sarı D.B., Tealeb A., 2003, Gps Constraints on Africa (Nubia) and Arabia Plate Motions, Geophys.J.Int., v.155, p.126-138.
121. Mckenzıe, D.P., 1972, Active Tectonics of the Mediterranaen, Geophysical Journal of Structural, 30(2) p.109-185.
122. Dewey, J.F., Hempton, M.R., Kidd, W.S.F., Şaroğlu, F., Şengör, A.M.C., 1986, Shortening of Continental Lithosphere: The Neotectonics of Eastern Anatolia-a Young Collision Zone, Geological Society, London, Special Publications 1986; V. 19; P. 1-36, Doi:10.1144/Gsl.Sp.1986.019.01.01.
123. http://iisee.kenken.go.jp/hara7turkey/seicmicityın turkey.html 24.10.2008.
124. Esentürk, Y., Ökse, A.T., Görmüş, A., 2007, Earthquake Traces in the Anatolian Bronze Age, International Earthquake Symposium Kocaeli 2007, P.758-762.
125. Pınar, A., Honkura, Y., Kuge, K., Matsushıma, M.,Sezgin, N., Yılmazer, M., Ogutcu, Z., 2007, The November 15, 2000 Lake Van Earthquake (Mw=5.6) in Eastern Turkey: Seismotectonic Implications for Arabia-Eurasia Collision Zone,

Geophysical Research Abstracts, Vol. 9, 01525, Sref-Id: 1607-7962/Gra/Egu2007-A-01525.

126. Öztürk, S., Bayrak, Y., Karslı, H., Çınar H.,2007, Farklı Sismik Bölgeler Dikkate Alınarak Türkiye'deki Deprem Tehlikesi Çalışmalarında Kullanılabilecek Homojen Deprem Katalogunun Hazırlanması, Altıncı Ulusal Deprem Mühendisliği Konferansı, s.347-358.

127. Işık, E.,Aydın, M.C., Bakış, A., Özlük, M.H., 2012, Bitlis ve Civarındaki Faylar ve Bölgenin Depremselliği, Bitlis Eren Üniversitesi, Fen Bilimleri Enstitüsü Dergisi, 1(2), s.153-169.

128. T.C. , Bayındırlık ve İskan Bakanlığı, Deprem Araştırma Dairesi Başkanlığı, T.C., Bayındırlık ve İskan Bakanlığı 1996 Türkiye Deprem Bölgeleri Haritası.

129. İzah Raporu, 2007, Bitlis (Merkez) Revizyon+İlave Uygulama İmar Planı.

130. http://neic.usgs.gov/neis/eq_depot/2004/eq_040701/neic_kjdq_w.html.

131. Mostafazadeh, M., Alptekin, Ö., Öncel, A.O., 2000, Body Wave from Five Moderately Earthquakes in the Zagros Fold Thrust Belt , Jsee: Vol. 2. No.3 / 1 p.1-10.

132. Özvan, A., 2005, Van Yerleşkesinin Deprem Tehlikesi ve Olası Bir Depremin Sonuçları, Deprem Sempozyumu, s.1386-1393.

133. Öztürk, B., Balkıs, N., Guven, K..C., Aksu A., Görgün, M., Ünlü, S., Hanilci, N., 2005, Investigations on the Sediment of Lake Van, II. Heavy Setals, Sulfur, Hydrogen Sulfide and Thiosulfuric Acid S-(2-Amino Ethyl Ester) Contents, Journal of Black Sea/ Mediterranean Environment , Vol 11: 125- 138.

134. Horasan, G., Boztepe-Güney, A., 2007, Observation and Analysis of Low-Frequency Crustal Earthquakes in Lake Van and Its Vıcınıty, Eastern Turkey Journal of Seismology Vol.11, pp.1-13.

135. Toker, M., Krastel, S., Demirel-Schlueter, F., Demirbağ, E., Imren, C., 2007, Volcano-Seismicity of Lake Van (Eastern Turkey), A Comparative Analysis of Seismic Reflection and Three Componentvelocity Seismogram Data and New Insıghts Into Volcanic Lake Seismicity International Earthquake Symposium Kocaeli 2007, p.103- 109.

136. Akköprü, E., Chrıstol, A., 2007, Modelling Van Lake Level and Water Budget Variations in the Past Out of Inter Pretation of Coastal Deposits and Dem . Approach, Aims and Prelimanary Results, Türkiye Kuvartener Sempozyumu VI, İTÜ, Avrasya Yer Bilimleri Enstitüsü.

137. Litt, T., Krastel, S., Sturm, M., Kipfer, M., Örçen, S.,Heumann, G., Franz ,S.O., Ülgen, U.B., Niessen, F., 2009, Paleovan, International Continental Scientific Drilling Program (Icdp): Site Survey Results And Perspectives Elsevier Ltd., Quaternary Science Reviews 28, p. 1555–1567, Doi:10.1016/J.Quascirev.2009.03.002.

138. Malekzadeh, T., 2007, İran'ın Kuzeybatısı (Azerbaycan) ve Doğu Anadolu Depremselliğinin İncelenmesi ve Karşılaştırılması, Ankara Üniversitesi, Fen Bilimleri Enstitüsü, Jeofizik Mühendisliği Ana Bilim Dalı, Doktora Tezi, 112s.

139. Öksüm, E., 2006, Van Gölü Civarı Havadan Magnetik Verilerinin Kantitatif Yorumu, Süleyman Demirel Üniversitesi, Fen Bilimleri Enstitüsü, Jeofizik Mühendisliği Ana Bilim Dalı, Yüksek Lisans Tezi.
140. Gezdirici, 2001, Deprem Monitörü Programı.
141. Kahraman, S., Baran, T., Saatçi, İ.A., 2007, Batı Anadolu Örneğinde Bölge Sınırları Seçiminin Deprem Tehlikesinin Belirlenmesine Etkileri, Altıncı Ulusal Deprem Mühendisliği Konferansı, İstanbul, s. 335-347.
142. King, S.A, Kiremidjian, A., Regional Seismic Hazard And Risk Analysis Through Geographic Information Systems, Report No :111.
143. Mc Guıre, R., 2004, Seismic Hazard and Risk Analysis, EERI, Oakland.
144. Bozkurt, E., 2001, Neotectonics of Turkey-a Synthesis, Geodinamica Acta, p:3-30.
145. Şaroğlu, F., Emre, Ö., Kuşçu, A., 1992, Türkiye Diri Fay Haritası. Mta.
146. Utkucu, M.,2006 Implications for the Water Level Change Triggered Moderate (M ≥ 4.0) Earthquakes in Lake Van Basin, Eastern Turkey Journal of Seismology, 10: 105–117, Doı: 10.1007/S10950-005-9002-Y.
147. Dhont, D., Chorowicz, J., 2006, Review of the Neotectonics of the Eastern Turkish-Armenian Plateau by Geomorphic Analysis of Digital Elevation Model İmagery , International Journal of Earth Science (Geol Rundsch) v.95: p.34–49, Doı 10.1007/S00531-005-0020-3.
148. Şaroğlu, F.,Emre Ö., Boray A., 1987, Türkiye'nin Diri Fayları ve Depremsellikleri, Mta, Derleme Rapor No. 8174, 394 s.
149. Örgülü, G., Aktar, M., Türkelli, N., Sandvol, E., Barazangi, M. 2003. Contribution To The Seismotectonics Of The Eastern Anatolian Plateau From Moderate And Small Size Events,Geophys. Res. Lett.,30(24), p.1-12.
150. Karaoğlu, Ö., Özdemir, Y., Tolluoğlu, A.Ü. 2003, Nemrut Açılma Çatlağı'nın Etkinliğine Ait Bulgular, Atag-7 Aktif Tektonik Araştırma Grubu 7. Toplantısı Bildiri Özleri, Yüzüncü Yıl Üniversitesi Jeoloji Mühendisliği Bölümü, s.38-39.
151. Özdemir, Y., Karaoğlu, Ö., Tolluoğlu, A.Ü., Güleç, N. 2006, Volcanastartigraphy and Petrogenesis of the Nemrut Stratovolcano (East Anatolia High Plateau):The Most Recent Post-Collisional Volcanisn in Turkey, Elsevier, Chemical Geology, 226(2006),p.189-211., Doi: 10.1016/J.Chemgeo.2005.09.020.
152. Pearce, J.A., Bender, J.F., De Long S.E.,Kidd, W.S.F., Low, P.J., Güner, Y., Şaroğlu, F., Yılmaz, Y., Moorbath, S., Mitchell, J.G., 1990, Genesis of Collision Volcanism in Eastern Anatolia, Turkey, Journal of Volcanology and Geothermal Research, Volume 44, Issues 1-2, p. 189-229.
153. Karaoğlu, Ö., Özdemir, Y., Tolluoğlu, A. 2004, Nemrut Stratovolkanının Patlama Dinamikleri ve Tipleri , 57. Türkiye Jeoloji Kurultayı, Mta Kültür Sitesi, Ankara, s. 228-230.
154. Ulusoy, İ., Labazuy, P., Aydar, E., Ersoy, O., Çubukçu, E.,2008, Structure of the Nemrut Caldera (Eastern Anatolia, Turkey) and Associated Hydrothermal Fluid Circulation Journal of Volcanology and Geothermal Research 174 (2008) P. 269–283.

155. Karaoğlu, Ö., Özdemir, Y., Tolluoğlu, A.Ü., Karabıyıkoğlu, M., Köse, O. Froger, J.L., 2005, Stratigraphy of the Volcanic Products Around Nemrut Caldera: Implications for Reconstruction of the Caldera Formation Turkish Journal of Earth Sciences (Turkish J. Earth Sci.), Vol. 14, pp. 123–143.
156. Degens, E. T., Kurtman, F., 1978, The Geology of Lake Van, Mta Yayınları. 158p.
157. Gülkan, P., Koçyiğit, A., Yücemen, M..S., Doyuran, V., Başöz, N.,1993, En Son Verilere Göre Hazırlanan Türkiye Deprem Bölgeleri Haritası;, Bayındırlık ve İskan Bakanlığı,Afet İşleri Genel Müdürlüğüne 92-03-03-18 No.Lu Proje Sonuç Raporu , Rapor No. 93-01 Deprem Mühendisliği Araştırma Merkezi, Ocak 1993.
158. Gündoğdu, O., 2009, Van ve Çevresinin Deprem Tehlikesi, Van Kent Sempozyumu, TMMOB, Van İl Koordinasyon Kurulu, Van, s.97-116.
159. Kaynak, U.,2007, Dış Merkez Dağılımına Dayalı Türkiye Sismotektoniği, Jeofizik Bülteni, Sayı.54, s.335-342.
160. Şaroğlu, F., Güner, Y., Kidd, M.S.F., Şengör, A.M.C.,1980, Neotectonics of Eastern Turkey: New Evidence for Crustal Shortening and Thickening in a Collision Zone Eos, Vol.61, p.360.
161. Doğan, A., Emre, Ö., Yıldırım, C., Özalp, S., 2007, 21 Ocak 2007 Tutak (Ağrı) Depremi Hakkında Değerlendirme, Mta, Jeoloji Etütleri Dairesi, Aktif Tektonik Araştırmalar Birliği.
162. Ergin, K., Güçlü, U., Uz, Z., 1967, Türkiye ve Civarının Deprem Katalogu, İTÜ, Maden Fakültesi Yayını No: 24, 136s.
163. Tüysüz, O., 2005, Neotectonics and Seismicity of Turkey, ITU, Eurasia Institue of Earth Sciences, 70p.
164. http://www.kesfetmekicinbak.com/doga/00492/.
165. Koçyiğit, A., 1983, Doğu Anadolu Bölgesi'nin Depremselliği ve Gerekli Çalışmalar:, Yeryuvarı ve İnsan, s. 8, n.3, s.25-29.
166. Barka, A.A., Kadinsky-Cade, K., 1988, Strike-Slip Fault Geometry in Turkey and Its Influence on Earthquake Activity , Tectonics, Vol.7, No.3, p.663-684.
167. Koçyiğit, A., 2005, 2005.01.25, Mw 5.9 Sütlüce (Hakkari) Depreminin Kaynağı: Başkale Fay Kuşağı, GD Türkiye, Beşinci Ulusal Deprem Sempozyumu, Sözlü Sunum, 23-25 Mart 2005 ,Kocaeli, 2s.
168. Toker, M., Krastel, S., Demirel-Schlueter, F., Demirbağ, E., Imren, C., 2007, Volcano-Seismicity of Lake Van (Eastern Turkey), A Comparative Analysis of Seismic Reflection and Three Componentvelocity Seismogram Data and New Insıghts into Volcanic Lake Seismicity International Earthquake Symposium Kocaeli 2007, 22-26 October 2007, p.103- 109.
169. Demirtaş, R., 1998. Türkiye'deki Sismik Boşluklar ve 27 Haziran 1998 Ceyhan (Adana) Depremi (Ms=6.3) Depremsellik, s.24-28.
170. Koçyiğit, A., 2005, 2005.03.12-14 Kızılçubuk (Karlıova- Bingöl) Depremleri (Mw 5.7-5,8) Odtü, Müh. Fak, Jeoloji Müh. , Aktif Tektonik.
171. Wallace, R.E., 1968. Earthquake of Agust 19,1966, Varto Area, Eastern Turkey, Bulletein of Seismological Society of Amerika ,58/11, p.11-45.

172. Haktanırı, T., Elcuman, H., 2007, Bingöl İli ve Çevresinde Kaydedilmiş Yıllık Ekstrem Depremlerin İstatistiksel Frekans Analizi ve Yörenin Depremselliği, Altıncı Ulusal Deprem Mühendisliği Konferansı, s.359-369.
173. Ketin, İ., 1977, Van Gölü ile İran Sınırı Arasındaki Bölgede Yapılan Jeoloji Gözlemlerinin Sonuçlan Hakkında Kısa Bir Açıklama, Türkiye Jeoloji Kurumu Bülteni , Cilt: 20, S. 79-85.
174. Turgut, M., 1991, 'Özalp (Van) Yakın Batısının Jeolojisi, İstanbul Üniversitesi, Fen Bilimleri Enstitüsü, Doktora Tezi (Basılmamış), İstanbul.
175. Ateş, Ş. vd., 2007, Van İli Kentleşme Alanları Yer Bilim Verileri, Maden Tetkik Ve Arama Genel Müdürlüğü, Rapor No: 10961.
176. Lahn, E.,1946, 'Van Mıntıkası Yer Sarsıntıları Hakkında Not, Maden Tetkik ve Arama Enstitüsü Dergisi, Sayı:1/35, s.126-132.
177. Koçyiğit, A. 2011, '23 Ekim 2011 Van Deprem Raporu, Afet ve Acil Durum Yönetimi Başkanlığı.
178. Celep, Z. Ve Kumbasar, N., 2004, Deprem Mühendisliğine Giriş ve Depreme Dayanıklı Yapı Tasarımı, Beta Dağıtım, İstanbul.
179. Kalyoncuoğlu, Ü.,Y., Özer, M.,F., 2005, Türkiye'nin Sismisitesi, Yüksek Riskli Alanlar ve Tektoniğine Yeni Bir Yaklaşım, Beşinci Ulusal Deprem Sempozyumu, s. 125-127.
180. Kutanis, M., 2005, Earthquake Engineering, Sakarya University, Spring.
181. Ansal, A., Erdik, M., Aydınoğlu, N., Durukal, E. Tönük, G., Kurtuluş, A., Demircioğlu, M., Şeşetyan, K., Hancılar, U., 2007, İstanbul için Deprem Hasar Senaryoları, Mühendisler Odası, İstanbul Bülteni , Sayı:91/2007, s.12-16.
182. Celep, Z., Kumbasar, N., 1996, Yapı Dinamiği ve Deprem Mühendisliğine Giriş İstanbul 1996, Sema Matbaacılık.
183. Taymaz, T, Dağıstanlı M.A.,2001, http://www.kesfetmekicinbak.com/doga/00492/ .
184. Litt, T, Krastel, S., Örçen, S., Karabıyıkoğlu, M., 2007, Lake Van Drilling Project: A Long Continental Record in Eastern Turkey, Scientific Drilling, No: 4 , March 2007, Page 40-41 Doi:10.2204/İodp.Sd.4.13.2007.
185. The New York Times, No Details from Bitlis, April 2, 1907.
186. The New York Times, Few Killed in Earthquake, April 3, 1907.
187. The New York Times, Bitlis Again Shaken, April 4, 1907.
188. Colonist, Volume Xlıx, Issue 11901, 4 April 1907, Page 3.
189. Nelson Evening Mail, Volume XlII, 3 April 1907, Page 3.
190. Hawera & Normanby Star, Volume LIII, Issue 9304, 3 April 1907, Page 5.
191. Star, Issue 8893, 3 April 1907, Page 3.
192. The New York Times, Situation at Bitlis Beter, April 8, 1907.
193. George, J. Merchants in Exile: The Armenians in The Manchester, England, 1835-1935 p:134-135.
194. Otago Witness, Issue 2769, 10 April 1907, Page 19.
195. Nelson Evening Mail, Volume Xlıı, 5 April 1907, Page 3.
196. Rothe, P.,J., 1971, Annual Summary of Informatıon on Natural Disaters, Number: 4 1969, United Nations Educational, Scientific and Cultural Organization , Unesco 1971.

197. Berberian, M., Historical Earthquake Catalague, http://www.iiees.ac.ir/iiees/bank/berberian/uncatlog4.txt .
198. Ambraseys, N.N., Reassesment of Earthquakes 1900-1999, in The Eastern Mediterranean and Middle East Geophy. J. I., 145, P.475-485.
199. Ambraseys, N.,N.,Zatopek A., 1968, The Varto-Üstükran (E.Anatolia) Earthquake of 19 August 1966, A Field Report, Unesco, Paris, February 1968, 68p.
200. Yanev P.I., 1975. The Lice, Turkey, Earthquake of September 6. 1975, Reconnaisance Report, Urs/Blume Publc. (San Fransisco, Calofornia 94105, November 1975, 26 p.
201. Işık, E., 2013, Bitlis İlinin Depremselliği, Erciyes Üniversitesi, Fen Bilimleri Enstitüsü Dergisi, Sayı: 29(3), s.267-273.
202. Tan, O., Tapırdamaz, M.C., Yörük, A., 2008, The Earthquake Catalogues for Turkey, Turkish Journal of Earth Sciences, Vol.17, p.405-418.
203. Sümer, F., 1986, Ahlat Şehri ve Ahlatşahlar, Belleten, Türk Tarih Kurumu, Cilt 2, Sayı 197, s. 459.
204. Guidoboni, E., Traina, G., 1995, A New Catalogue of Earthquakes in the Historical Armenian Area From Antiquity to the 12th Century , Analı Dıgeofisıca Vol. Xxxvııı, N.1, P.85-111.
205. http://www.deprem.gov.tr/sarbis/veritabani/dda.aspx?param=3
206. Utkucu, M., Durmuş, H., Yalçın, H., Budakoğlu, E., Işık, E., 2013, Coulomb Static Stress Changes Before and After the 23 October 2011 Van, Eastern Turkey, Earthquake (Mw = 7.1): İmplications for the Earthquake Hazard Mitigation, Nat. Hazards Earth Syst. Sci., 13, 1889–1902, 2013, Doi:10.5194/Nhess-13-1889.
207. Utkucu, M., Durmuş, H., Yalçın, H., Budakoğlu, E., Gülen, L., Işık, E., 2014, Seismotectonic Characteristics of the 23 October 2011 Van (Eastern Anatolia) Earthquake (Mw=7.1), Bulletin of The Earth Sciences Application and Research Centre of Hacettepe University, 35 (2), 87-108.
208. Dilsiz, A., Türer,A., 2005, Türkiye'de Yığma Yapılar İçin Deprem Risk Haritası Oluşturulması, YDGA2005, Yığma Yapıların Deprem Güvenliğinin Arttırılması Çalıştayı, Orta Doğu Teknik Üniversitesi, Ankara. 12s.
209. Işık, E., 2010, Bitlis Şehri Deprem Performans Analizi, Doktora Tezi, Sakarya Üniversitesi, Fen Bilimleri Enstitüsü, 216s.
210. Erdik, M., Biro, Y.A., Onur,T., Sesetyan, K., Birgören, G., 1999, Assesment of Earthquake Hazard in Turkey and Neighboring Regions Annali Di Geofisica Vol.42, n.6, p.1125-1138.
211. Gutenberg, B., Ricter,C.,F., 1944, Frequency of Earthquakes in California, Bulletein of Seismology Society America, v.34, p.185-188.
212. Aydın, M.C., 2006, Alttan Alışlı Dolusavak Havalandırıcıların CFD Analizi, Fırat Üniversitesi, Fen Bilimleri Enstitüsü, Doktora Tezi.
213. Bayrak, Y., Öztürk, S., Çınar, H., Kalafat, D., Tsapanos, T.M., Koravas ,G.Ch., Leventakis, G.-A., 2009, Estimating Earthquake Hazard Parmeters From Instrumental Data for Different Regions in Around Turkey Engineering Geology, Vol. 105, p.200-210.

214. Wells, D.L. And Coppersmith, K.J., 1994, New Empirical Relationships Among Magnitude, Rupture Length, Rupture Width, Rupture Area, and Surface Displacement, Bulletin of The Seismological Society of America, Vol. 84, No. 4, pp. 974-1002.
215. Kayabalı, K., 1995, Sismik Tehlike Analizi ve Uygulama, Ankara Üniveristesi Jeolojî Mühendisliği, 46/J8-43.
216. Şaroğlu F. , 1993, Doğal Afetlerde Görev ve Sorumluluk, Building For Survival Stop Disasters, No:14 p.10-12.
217. Kundak S., Türkoğlu H., 2007, İstanbul'da Deprem Riski Analizi, İTÜ Dergisi A, Mimarlık Planlama Tasarım, Cilt:6, Sayı:2, 37-46.
218. Özmen B., Ankara İçin Deprem Senaryosu, Ankara'nın Deprem Tehlikesi ve Riski Çalıştayı, 17s.
219. Türkelli N., 2008, Sismik Ağların Deprem Tehlike Analizlerine Katkısı Boğaziçi Üniversitesi, Kandilli Rasathanesi ve Deprem Araştırma Enstitüsü, Jeofizik Bölümü, www.eies.itu.edu.tr/barkalecture7turkelli_barka_2005.pdf.
220. Eyidoğan, H., 2003, Tektonik ve Deprem Tehlikesi, 5. Ulusal Deprem Mühendisliği Konferansı, Davetli Konuşma.
221. Korkmaz, A., Aktaş, E., 2006, Betonarme Çerçevelerin Olasılıklı Sismik Tehlike Analizi, Gazi Üniv. Müh. Mim. Fak. Der. Cilt 21, No 1, 55-64.
222. Erdik, M., Durukal, E., Siyahi, B., Fahjan, Y., Şeşetyan, K., Demircioğlu, M., Akman, H., 2003, Depreme Dayanıklı Yapı Tasarımında Deprem Yer Hareketinin Belirlenmesi, 5. Ulusal Deprem Mühendisliği Konferaqnsı, Davetli Konuşma.
223. Giardini, D., 1999, The Global Seismic Hazard Assessment Program (Gshap)-1992/1999, Annali Di Geofisica, Vol.42, N.6, p.957-974.
224. Kramer, L. S., 2003, Geoteknik Deprem Mühendisliği, Gazi Kitabevi, 708s.
225. Şengezer, S.B, 1999, 13 Mart 1992 Erzincan Depremi Hasar Analizi ve Türkiye'de Deprem Sorunu, Y.T.Ü. Basın Yayın Merkezi.
226. Yunatçı, A., Çetin, Ö.K., 2007, Olasılıksal Sismik Tehlike Analizleriyle Tümleştirilmiş, Sahaya Özel Sismik Tepki ve Zemin Sıvılaşması Değerlendirilmesi, Altıncı Ulusal Deprem Mühendisliği Konferansı, İstanbul, s.17-28.
227. Özmen, B, 2003, İmar Planına Esas Jeolojik-Jeoteknik İncelemeler İçin Depremselliğin Değerlendirilmesiyle İlgili Öneriler, 56. Türkiye Jeoloji Kurultayı, 14-20 Nisan, Mta Genel Müdürlüğü Kültür Sitesi,
228. Düzgün, H.Ş., Yücemen, M.S., Kentsel Alanlarda Bütünleşik Deprem Riski Modeli: Eskişehir Örneği, TMMOB Afet Sempozyumu, s.201-211.
229. Hull, A, Erdik, M., Turfan. M., Pavone, M., Atay, E., 2002, Seismic Hazard Assesment for the Hakkari Project Hydpower and Dams Journal, Issue 5, p. 66-70.
230. Kutanis, M., 2006, Statik İtme Analizi Yöntemlerinin Performanslarının Değerlendirilmesi Yapısal Onarım ve Güçlendirme Sempozyumu, YOGS-2006, Pamukkale Üniversitesi, Denizli.

231. Erdik, M., Doyuran, V., Akkaş, N., Gülkan, P., 1985, A Probabilistic Assessment of the Seismic Hazard in Turkey, Tectonophysics, 117, Elsevier Science Publishers B.V., Amsterdam, Pp. 295-344.
232. Bolt, B., Earthquakes, 4th Edition, Chapter 5, Figure5.5.
233. Youngs, R.R., Coppersmith, K.J., 1985, Implications of Fault Slip Rate and Earthquakes Recurrence Models to Probabilistic Seismic Hazard Estimates, Bull. Seism. Soc. Am. 58,p: 939- 964.
234. Işık, E., Kutanis M., 2011, Bitlis Şehri Sismik Tehlike Analizi, 7. Ulusal Deprem Mühendisliği Konferansı, İstanbul.
235. Abrahamson, N.A., Silva, W.J. , Empirical Response Spectral Attenuation Relations for Shallow Crustal Earthquakes, Seismological Research Letters, Vol. 68, No. 1, pp 94-127.
236. Ambraseys, N. N., Douglas, J., Sarma,S. K., Smith, P. M., 2005, Equations for the estimation of Strong Ground Motions from Shallow Crustal Earthquakes Using Data From Europe and The Middle East: Horizontal Peak Ground Acceleration and Spectral Acceleration, Bulletin of Earthquake Engineering, 3:1–53, [Doı 10.1007/S10518-005-0183-0].
237. Boore, D.M., Joyner, W.B. Fumal, T.E., 1997, Equations for Estimating Horizontal Response Spectra and Peak Acceleration From Western North American Earthquakes: A Summary of Recent Work, Seismological Research Letters, Vol. 68, No. 1, pp 128-153.
238. Campbell, K.W., 2003, Prediction of Strong Ground Motion Using the Hybrid Empirical Method and Its Use in The Development of Ground-Motion (Attenuation) Relations in Eastern North America, Bulletin Seismological Society of America, Vol. 93, No. 3, Pp. 1012-1033.
239. Idrıss, I. M., 2008, An Nga Empirical Model for Estimating the Horizontal Spectral Values Generated by Shallow Crustal Earthquake, Earthquake Spectra, Volume 24, No. 1, Pages 217-242, Earthquake Engineering Research Institute.
240. Kundak, S., Türkoğlu, H., 2007, İstanbul'da Deprem Riski Analizi İTÜ Dergisi A, Mimarlık Planlama Tasarım, Cilt:6, Sayı:2, 37-46.
241. Çelik, T., Öztorun N.T., 2008, Geniş Alan Deprem Master Planı Hazırlanması Ve Risk Yönetimi İçin Yeni Bir Yöntem (Bakırköy Örneği), (www.e-kutuphane.imo.trpdf.10121)
242. Sucuoğlu, H., 2006, 2007 Deprem Yönetmeliği Performans Esaslı Hesap Yöntemlerinin Karşılıklı Değerlendirilmesi, Türkiye Mühendislik Haberleri Dergisi, Sayı.444-445, 2006/4-5, S. 24-36.
243. Ay, B.Ö., Erberik, M.A., 2007, Türkiye'deki Az ve Orta Katlı Betonarme Yapıların Deprem Güvenliği Açısından İrdelenmesi, Altıncı Ulusal Deprem Mühendisliği Konferansı, İstanbul, s.37-48.
244. Akıncıtürk, N., 2003, Yapı Tasarımında Mimarın Deprem Bilinci Uludağ Üniversitesi Mühendislik-Mimarlık Fakültesi Dergisi, Cilt 8, Sayı 1, s.189-201.
245. Karaşin, A.H., Karaesmen, E., 2005, Bingöl Depreminde Meydana Gelen Yapısal Hasarların İrdelenmesi, Deprem Sempozyum, s.386-396.

246. Comerio, M.C., Disaster Hits Home: New Policy For Urban Housing Recovery, Univercity Of California Press., Berkeley, p.300.
247. İnel, M., Özmen, H.B., Bilgin, H., 2007, Türkiye'de Yaşanan Deprem Hasarları ve Yapı Stoğunun Değerlendirilmesi, Altıncı Ulusal Deprem Mühendisliği Konferansı, İstanbul, s. 249-261.
248. Sucuoğlu, H., 2007, Kentsel Yapı Stoklarında Deprem Risklerinin Sokaktan Tarama Yöntemi İle Belirlenmesi, Altıncı Ulusal Deprem Mühendisliği Konferansı, İstanbul, S. 267-284.
249. DBYBHY, 2007 Deprem Bölgelerinde Yapılacak Binalar Hakkında Yönetmelik Bayındırlık ve İskan Bakanlığı.
250. Özmen, H.B., İnel, M., Bilgin, H., 2007, Yumuşak Kat Davranışının Duvar Etkisi Dikkate Alınarak İncelenmesi, Altıncı Ulusal Deprem Mühendisliği Konferansı, İstanbul, s.423-434.
251. Tezcan, S. ,Yazıcı, A., Özdemir, Z., Erkal, A., 2007, Zayıf Kat- Yumuşak Kat Düzensizliği, Altıncı Ulusal Deprem Mühendisliği Konferansı, İstanbul, s. 339-350.
252. Önel, H., Akbulut, M. T., 2003, Deprem Bölgelerinde Güvenli Yapı Tasarımına İlişkin Temel Yaklaşımlar, Deprem Bölgelerinde Yapı Üretimi Sempozyumu, TMMOB Mimarlar Odası İstanbul Şubesi.
253. Aslankara, Y., İnel, M., Toprak, S., 2005, Kent Ölçeğinde Senaryo Depremde Oluşacak Bina Hasarlarının Tahmini, Deprem Sempozyumu Kocaeli 2005 , 23-25 Mart, s.1434-1443.
254. Bal, İ.E., Tezcan, S.S., Gülay, G.F., 2007, Betonarme Binaların Göçme Riskinin Belirlenmesi için P25 Hızlı Değerlendirme Yöntemi, Altıncı Ulusal Deprem Mühendisliği Konferansı, İstanbul, s.661-674.
255. Bal, İ.E., 2005, Deprem Etkisindeki Betonarme Binaların Göçme Riskinin Hızlı Değerlendirme Yöntemleri İle Belirlenmesi İTÜ, Fen Bilimleri Enstitüsü, İnşaat Müh. Bölümü, Yüksek Lisans Tezi, 136s.
256. Çağatay, İ.H., 2007, Binalara Kısa Kolona Etki Eden Parametrelerin İncelenmesi, Altıncı Ulusal Deprem Mühendisliği Konferansı, İstanbul, s.229-236.
257. Çatal, H.H., Ertutar, Y., 1990, Depreme Dayanıklı Yapı Tasarımının Ana İlkeleri, Deprem Araştırma Bülteni , Sayı 68, Yıl 17, S. 15-21.
258. Özcebe, G., 2004, Deprem Güvenliğinin Saptanması için Yöntemler Geliştirilmesi Sonuç Raporu, Tübitak İÇTAG YMAÜ 1574 Nolu Araştırma Projesi.
259. Liolios A., Karabanıs A., Abdallah K., 2007, Seicmic Interactıon Between Adjacent Buildings: An Optimal Control Numerical Approach, Sixth National Conference on Earthquake Engineering, p.17-24.
260. Işık, E., 2013, Bitlis İli Yapı Stoğunun Birinci Kademe (Sokak Tarama Yöntemi İle) Değerlendirilmesi, SDÜ, Fen Bilimleri Enstitüsü Dergisi, 17(1), s.173-178.